U0304819

环境艺术效果图表现技法

HUANJING YISHU XIAOGUOTU BIAOXIAN JIFA

王 洋 编著

山东人民出版社

国家一级出版社 全国百佳图书出版单位

编 委 会

主　任　　王　洋（烟台南山学院）

副主任　　姜德峰（南山建筑设计院）

　　　　　侯双庆（烟台南山学院）

　　　　　鲁文婷（烟台南山学院）

　　　　　李军军（烟台南山学院）

　　　　　接桂宝（烟台南山学院）

　　　　　张晓敏（烟台南山学院）

　　　　　马　睿（烟台南山学院）

总 序
加快应用型本科教材建设的思考

一、应用型高校转型呼唤应用型教材建设

"教学与生产脱节，很多教材内容严重滞后于现实，所学难以致用"，这是我们在进行毕业生跟踪调查时经常听到的对高校教学现状提出的批评意见。这种脱节和滞后，造成很多毕业生及其就业单位不得不花费大量时间"补课"，既给刚踏上社会的学生无端增加了很大压力，又给就业单位白白增添了额外的培训成本。难怪学生抱怨"专业不对口，学非所用"，企业讥讽"学生质量低，人才难寻"。

2010年颁布的《国家中长期教育改革和发展规划纲要（2010—2020年）》指出，要加大教学投入，重点扩大应用型、复合型、技能型人才的培养规模。2014年，《国务院关于加快发展现代职业教育的决定》进一步指出，要引导一批普通本科高等学校向应用技术型高等学校转型，重点举办本科职业教育，培养应用型、技术技能型人才。这表明国家已发现并着手解决高等教育供应侧结构不对称的问题。

2014年3月，在中国发展高层论坛上有关领导披露，教育部拟将600多所地方本科高校向应用技术、职业教育类型转变。这意味着，未来几年我国将有50%以上的本科高校（2014年全国本科高校共1202所）面临应用型转型，更多地承担应用型人才特别是生产、管理、服务一线急需的应用技术型人才的培养任务。应用型人才培养作为高等教育人才培养体系的重要组成部分，已经被提上国家重要的议事日程。

"兵马未动，粮草先行"，向应用型高校转型，要求加快应用型教材建设。教材是引导学生从未知进入已知的一条便捷途径。一部好的教材，既是取得良好教学效果的关键因素，又是优质教育资源的重要组成部分。它在很大程度上决定着学生在某一领域发展起点的高低。在高等教育逐步从"精英"走向"大众"直至"普及"的过程中，加快教材建设，使之与人才培养目标、模式相适应，与市场需求和时代发展相适应，已成为广大应用型高校面临并亟待解决的新问题。

烟台南山学院作为大型民营企业——南山集团投资兴办的民办高校，与生俱来就是一所应

用型高校。2005 年升本以来，学校依托大企业集团，坚定不移地实施学校地方性、应用型的办学定位，坚持立足胶东，着眼山东，面向全国；坚持以工为主，工、管、经、文、艺协调发展；坚持产教融合、校企合作，培养高素质应用型人才，初步形成了校企一体、实践育人的应用型办学特色。为加快应用型教材建设，提高应用型人才培养质量，2016 年学校推出的包括"应用型教材"在内的"百部学术著作建设工程"，可以视为烟台南山学院升本 10 年来教学改革经验的初步总结和科研成果的集中展示。

二、应用型本科教材研编原则

应用型本科是一种本科层次的人才培养类型，目前使用的教材大致有两种情况：一是借用传统本科教材。实践证明，这种借用很不适宜。因为传统本科教材内容相对较多，教材既深且厚。更突出的问题是其与实践结合较少，内容上理论与实践脱节。二是延用高职教材。高职与应用型本科的人才培养方式接近，但毕竟人才培养层次不同，它们在专业培养目标、课程设置、学时安排、教学方式等方面均存在很大差别。高职教材虽然也注重理论的实践应用，但"小材难以大用"，用高职教材支撑本科人才培养，实属"力不从心"，尽管它可能十分优秀。换句话说，应用型本科教材贵在"应用"二字。它既不能是传统本科教材加贴一个应用标签，也不能是高职教材的理论强化，应有相对独立的知识体系和技术技能体系。

基于这种认识，我认为研编应用型本科教材应遵循三个原则。一是实用性原则。教材内容应与社会实际需求相一致，理论适度、内容实用。通过教材，学生能够了解相关产业企业当前的主流生产技术、设备、工艺流程及科学管理状况，掌握企业生产经营活动中与本学科专业相关的基本知识和专业知识、基本技能和专业技能，以最大限度地缩短毕业生知识、能力与产业企业现实需要之间的差距。烟台南山学院的《应用型本科专业技能标准》就是根据企业对本科毕业生专业岗位的技能要求研究编制的一个基本教学文件，它为应用型本科有关专业进行课程体系设计和应用型教材建设提供了一个参考依据。二是动态性原则。当今社会，科技发展迅猛，新产品、新设备、新技术、新工艺层出不穷。所谓动态性，就是要求应用型教材应与时俱进，反映时代要求，具有时代特征。在内容上，应尽可能将那些经过实践检验、成熟或比较成熟的技术、装备等人类发明创新成果编入教材，实现教材与生产的有效对接。这是克服传统教材严重滞后于生产、理论与实践脱节、学不致用等教育教学弊端的重要举措，尽管某些基础知识、理念或技术工艺短期内并不发生突变。三是个性化原则。教材应尽可能适应不同学生的个体需求，至少能够满足不同群体学生的学习需要。不同学生或学生群体之间存在的学习差异，显著地表现在对不同知识理解和技能掌握并熟练运用的快慢及深浅程度上。根据个性化原则，可以考虑在教材内容及结构编排上既有要求所有学生都掌握的基本理论、方法、技能等"普适性"内容，又有满足不同学生或学生群体不同学习要求的"区别性"内容。本人认为，以上原则是研编应用型本科教材的特征使然，如果能够长期坚持，则有望逐渐形成区别于研究型人才培养的应用型教材体系和特色。

三、应用型本科教材研编路径

1. 明确教材使用对象

任何教材都有特定的服务对象。应用型本科教材不可能满足各类不同高校的教学需求，它主要是为我国新建的包括民办高校在内的本科院校及应用技术型专业服务的。这是因为，近10多年来我国新建了600多所本科院校（其中民办本科院校420所，2014年数据）。这些本科院校大多以地方经济社会发展为服务定位，以应用技术型人才为培养模式定位，其学生毕业后大部分选择企业单位就业。基于社会分工及企业性质，这些单位对毕业生的实践应用、技能操作等能力的要求普遍较高，而不苛求毕业生的理论研究能力。因此，作为人才培养的必备条件，高质量应用型本科教材已经成为新建本科院校及应用技术类专业培养合格人才的迫切需要。

2. 加强教材作者选择

突出理论联系实际，特别注重实践应用是应用型本科教材的基本特征。为确保教材质量，必须严格选择研编人员。其基本要求如下：一是作者应具有比较丰富的社会阅历和企业实际工作经历或实践经验，这是对研编人员的阅历要求。二是主编和副主编应选择长期活跃于教学一线、对应用型人才培养模式有深入研究并能将其运用于教学实践的教授、副教授或工程技术人员，这是对研编团队的领袖要求。主编是教材研编团队的灵魂，选择主编应特别注重考察其理论与实践结合的能力，以及他们是"应用型"学者还是"研究型"学者。三是作者应有强烈的应用型人才培养模式改革的认可度，以及应用型教材编写的责任感和积极性，这是写作态度要求。四是在满足以上条件的基础上，作者应有较高的学术水平和丰富的教材编写经验，这是学术水平要求。显然，学术水平高、编写经验丰富的研编团队，不仅能够保证教材质量，而且对教材出版后的市场推广也会产生有利的影响。

3. 强化教材内容设计

应用型教材服务于应用型人才培养模式的改革。应以改革精神和务实态度，认真研究课程要求，科学设计教材内容，合理编排教材结构。其要点包括：

（1）缩减理论篇幅，明晰知识结构。应用型教材编写应摒弃传统研究型或理论型人才培养思维模式下重理论、轻实践的做法，克服理论篇幅越来越大、教材越编越厚、应用越来越少的弊端。一是基本理论应坚持以必要、够用、适用为度，在满足本课程知识连贯性和专业应用需要的前提下，精简推导过程，删除过时内容，缩减理论篇幅；二是知识体系及其应用结构应清晰明了、符合逻辑，立足于为学生提供"是什么"和"怎么做"；三是文字简洁，不拖泥带水，内容编排留有余地，为学生自我学习和实践教学留出必要的空间。

（2）坚持能力本位，突出技能应用。应用型教材是强调实践的教材，没有"实践"、不能让学生"动起来"的教材，很难取得好的教学效果。因此，教材既要关注并反映职业技术现状，以行业、企业岗位或岗位群需要的技术和能力为逻辑体系，又要适应未来一段时期技术推广和职业发展的要求。在方式上，应坚持能力本位，突出技能应用和就业导向；在内容上，应关注不同产业的前沿技术、重要技术标准及其相关的学科专业知识，把技术技能标准、方法程序等实践应用作为重要内容纳入教材体系，贯穿于课程教学过程，从而推动教材改革，培养学生将来从事与所学专业紧密相关的技术开发、管理、服务等工作所需要的各方面的能力。

（3）精心选编案例，推进案例教学。什么是案例？案例是真实典型且含有问题的事件。这个表述有以下几方面的含义：第一，案例是事件。案例是对教学过程中一个实际情境的故事描述，讲述的是这个教学故事产生、发展的历程。第二，案例是含有问题的事件。事件只是案例的基本素材，但并非所有的事件都可以成为案例。能够成为教学案例的事件，必须包含问题或疑难情境，并且可能包含解决问题的方法。第三，案例是典型且真实的事件。案例必须具有典型意义，能给读者带来一定的启示。案例是故事但又不完全是故事，两者的主要区别在于故事可以杜撰，而案例不能杜撰或抄袭，案例是教学事件的真实再现。

案例之所以成为应用型教材的重要组成部分，是因为基于案例的教学是向学生进行有针对性的说服、引发思考、教育的有效方法。研编应用型教材，作者应根据课程性质、内容和要求，精心选择并按一定书写格式或标准样式编写案例，特别要重视选择那些贴近学生生活、便于学生调研的案例，然后根据教学进程和学生的理解能力，研究在哪些章节，以多大篇幅安排和使用案例，为案例教学更好地适应案例情景提供更多的方便。

最后需要说明的是，应用型本科作为一种新的人才培养类型，其出现时间不长，对它进行系统研究尚需时日。相应的教材建设是一项复杂的工程。事实上，从教材申报到编写、试用、评价、修订，再到出版发行，至少需要 3 ~ 5 年甚至更长的时间。因此，时至今日，完全意义上的应用型本科教材并不多。烟台南山学院在开展学术年活动期间，组织研编出版的这套应用型本科系列教材，既是本校近 10 年来推进实践育人教学成果的总结和展示，更是对应用型教材建设的一个积极尝试，其中肯定存在很多问题，我们期待在取得试用意见的基础上进一步改进和完善。

烟台南山学院常务副校长

2016 年国庆节于龙口

前　言

　　设计是一个从无到有的理念转化过程。在设计构思向实际设计方案转化的过程中，手绘表现以图形语言的表现形式形成一种最特殊、最直接的表达手段，成为一种独特的交流形式。

　　手绘效果表现技法在环境设计专业及相关专业课程体系中发挥着重要作用。它集创新理念、设计思维、设计表现于一身，是培养学生动手能力、开发设计思维、提高及检验设计水平的考察手段之一。近年来，它也成为相关专业研究生入学考试的必考科目，相关应聘单位在选聘人员时也将它作为一种考察专业能力的考核手段，因此，如何提高手绘效果表现能力受到了前所未有的关注。但目前大多数高校开设的手绘效果表现技法课程，缺乏系统的训练方法指导，而以"绘画技法"展开的手绘教学训练内容，也使学生对手绘效果表现技法产生许多错误认识乃至厌画情绪。无论是提高专业手绘表现能力还是应试、就业能力，都应该从手绘表现的通用原理着手，将各类图的绘制统一在一个科学、系统的训练方法之下。通过环境艺术设计方法、空间营造表达以及设计元素形式与功能的体现，逐步掌握交流语言的本质。

　　本书致力于环境设计相关专业手绘实验、实训课程的指导与实践训练，共分为四章。第一章是课程的引导章节，主要讲解手绘表现技法基本概况，第二章重点讲述手绘表现技法的基础理论知识与绘制基础。前两个章节的编写重在使学生对于手绘表现技法有所认识与了解。第三章、第四章为本书的核心章节，分别讲述室内外空间效果图表现技法与应用，章节内容依据环境设计专业培养目标及课程授课学时，以项目驱动形式进行针对性较强的课程重难点、实验实训目标编写，内容由浅入深、循序渐进，模块式的项目引导形式使教材内容重难点清晰明了，便于教师与学生快速掌握课程重难点与要点，以此凸显了本教材的实践性、指导性与可操作性。本书的编写打破以往理论叙述性技法讲解以及盲目临摹的惯例，力求在手绘表现技巧方面让学生易懂、易练、易掌握，因此本书从局部到整体，从使用功能到艺术效果均有较为详尽的讲解，并配备大量优秀学生作业作品进行点评分析，且注重技法表现的要点、难点、绘制注意事项及技法技巧等的表现。本书把课程学时与授课内容进行紧密联系与分析，保证学生在限定的时间内掌握相关的知识要点，并通过对应的课堂练习与课后练习进行知识点的巩固与强化训练，有效提高课堂的授课质量及学生的专业技能，便于教师课下备课并及时有效地掌握授课知识点，同时利于学生快速理解章节及模块所要求掌握的技能。

本书得到山东省民办本科高校优势特色专业——环境设计的经费资助，由烟台南山学院环境设计专业教学团队组织编写。同时得到了烟台南山学院人文学院院长白世俊教授、副院长张平青教授的鼎力支持，也要特别感谢参与本书大量例图供稿与文字整理工作的教师与学生，"景观篇"教师：李军军、张晓敏、侯双庆，学生：薛佳璐、董鑫、吴巧凤、傅莹、张振兴、张雅男、韩达、周凡超、刘琪；"室内篇"教师：姜德峰、鲁文婷、接桂宝、马睿，学生：裴中兰、刘玉凤、刘婷婷、陆可心、南希、姜晶醒、孙潇、张倩语、冯佳荣、陆超、刘雪娇、张禹迪、车聪聪、杨伊朗。在本书的出版过程中，得到山东人民出版社及编辑们的帮助与指导，对他们的友情支持与帮助，深表谢意。

本书在编写过程中，参考了国内外大量相关资料、图书及培训机构网络公开资料，并已在参考文献中注明，如有遗漏，敬请谅解。值得一提的是，本书引用了部分网络图片，虽经多方查找，但仍未找到图片来源或著作权人，在此，对这些网站或著作权人表示感谢。在今后的工作中，若能找到图片来源或著作权人，我们将第一时间与他们联系。

手绘表现技法的编写工作，反映出点的难点不是在文字方面，而是对应文字的图例绘制，编者意在通过配图，展示出技法的路径与特点，并进行了反复尝试、研究、筛选与内容调整。本书在编写过程中力求取众家之长，让学生对多种风格、多种形式的作品有更加宽泛的了解与掌握，以便培养学生的创作个性。由于编者水平有限，书中难免出现一些纰漏和不足，希望同行专家和读者批评指正。

编者

2016 年 7 月

目录
CONTENTS

第一章
手绘效果表现概述

◎ 教学引导

◆教学重点◆

本章从专业技能考核需求出发，重点讲述手绘技法的概念、价值、意义以及学习手绘技法的方法。

教学目的旨在通过对重点内容的学习，使学生从专业设计的实际出发，更加深入地认识和了解手绘技法。

◆教学安排◆

总学时：1 学时；理论讲授：1 学时。

◆作业任务◆

1. 根据所学内容进行手绘资料调研与搜集；

2. 拓展练习（手绘作品欣赏与分析）。

1.1 手绘效果表现的基本概念

手绘技法，常运用于环境设计、室内设计、景观规划设计、家具设计、风景园林设计等专业方案设计表达，是最实用、最便捷、最直接且运用最广泛的一种表现技法。

手绘技法伴随着环境艺术设计走过了漫长的历程，从表面上看是一种设计表现形式，其实它所体现的不仅仅是设计师的绘画功底，更多的是表述设计师的创意灵感、推敲方案等方面的设计能力，是衡量设计师设计能力的依据。即便是在电脑普及的今天，手绘的重要地位也没有被改变。这说明电脑作图并没有冲击到传统手绘的影响力，手绘效果表现仍有进一步研究及发展的必要性。

1.2 手绘效果表现的价值与意义

一名优秀的设计师，能够对瞬间迸发的灵感进行捕捉。迅速利用手中的笔随时表现个人创意，第一时间抓住灵感，这就是手绘的魅力所在。古往今来，众多的设计师在创作前都会进行无数次的草稿创作，这些创作不仅仅是练习，而是为了更好地完善自己的创意，使作品达到最佳效果。

手绘技法具有独特的生命力，作为一种现代艺术设计表现形式，它最突出的特点就是通过艺术表现的形式，对环境进行更加科学合理的规划设计，是美化生活环境的一门实用艺术。同时，重在满足人们对外在环境在功能、生理、精神或心理方面的审美需求，属于空间艺术的范畴。它是设计师具有明确主观意识的个体设计行为，充分展示了设计师的艺术才能、创作风格及设计表达能力。手绘表现有设计，也有规划，目的就是为大众创造一个良好、适用且美化了的生存与生活空间。

1.3 手绘效果表现的学习方法

本书从实战出发，总结归纳出了一套实用的手绘训练方法，便于学生更好地掌握手绘表现技巧，并根据学生的作业进行分析点评，以此强化手绘表现绘制的技巧、要点、难点及注意事项。我们将这一套手绘训练方法分为六大部分：

第一部分，基础训练。从大量的线条练习开始，到简单的物体结构表现，循序渐进，使学生掌握线条的变化规律，并针对实际进行熟练使用。

第二部分，在线条训练的基础上进行简单的室内和景观单体的训练，掌握线条的变化性与实际应用性。

第三部分，多个物体组合及小场景表现技法训练，逐渐学习不同物体的明暗关系、结构、色彩、材质上色的表现技巧与方法。

第四部分，平面、立面、剖面图的手绘表现技巧与方法训练。

第五部分，整套设计方案快题手绘表现技巧与方法训练。

第六部分，室内和景观环境的场景快题手绘综合表现技法训练。

第二章

手绘表现基础

◎ 教学引导

◆教学重点◆

学习本章内容，使学生了解手绘效果图表现所需工具及各类型工具的特点与用法；讲解各类型线条的特性，结合大量临摹练习，使学生对运线技巧有所领悟和体会；讲解马克笔和彩铅用笔技巧，练习掌握正确的用笔姿势，使学生熟悉马克笔和彩铅的特点。

◆教学安排◆

总学时：3 学时；理论学时：1 学时；线稿与排线练习：1 学时；马克笔与彩铅笔法练习：1 学时。

◆作业任务◆

1. 临摹 3 张 A4 纸排线练习；

2. 临摹 2 张 A4 纸马克笔及彩铅用笔笔法练习。

2.1　工具

2.1.1　画笔类

（1）针管笔

针管笔用来绘制较为细致的效果图，常用的有三种型号，0.1mm、0.2mm 用来勾画物体内部线条，0.3mm 用来勾画物体结构线和阴影外边，0.8mm 用来勾画墙体的主要结构（如图 2.1.1）。

提示：建议初学者购买一次性针管笔，因为添加墨水的针管笔很容易堵塞。在使用针管笔的时候，切记不要用力过大，用力过大容易把笔头按进去，缩短笔的使用寿命。另外，最好不要在铅笔痕迹较深的地方用针管笔，因为铅笔末会粘到针管笔笔头上，造成针管笔的损坏。

（2）钢笔

钢笔线条流畅，墨线清晰，明暗对比强烈，尤其是使用美工钢笔进行速写表现，具有很强烈的表现效果。其中英雄 382 美工笔，线条粗细变化较丰富，优美而富有张力，可快速表现大的明暗体块关系（如图 2.1.2）。

（3）中性笔

中性笔是最为常见的绘画工具，相对便宜，携带方便，使用率很高，但缺点也很明显：使用时间久了会出现出水不流畅的问题，还容易滑纸，使用过程中容易弄脏纸面和手。但初学者最初练习线条时可以使用。市面上中性笔的品牌、型号很多，建议 0.38mm 和 0.5mm 各备一支，方便表现不同的物体（如图 2.1.3）。

图 2.1.1 针管笔　　　　　　　　图 2.1.2 美工钢笔　　　　　　　　图 2.1.3 中性笔

（4）马克笔

马克笔又称麦克笔，有水性和油性之分。水性马克笔色彩鲜亮，笔触界限明晰，颜料可溶于水，通常用于在较紧密的卡纸或铜版纸上进行作画表现，缺点是重叠笔触会造成画面脏乱，常用品牌是日本美辉（如图 2.1.4）。油性马克笔色彩比较柔和，笔触自然，有较强的渗透力，颜料可用甲苯稀释，尤其适合在描图纸（硫酸纸）上作图，缺点是难以驾驭，需多画才行，品牌有韩国 TOUCH（如图 2.1.5）、美国三福（如图 2.1.6）、美国 AD（如图 2.1.7）等，目前手绘效果图中使用最多的是油性马克笔。马克笔两端有粗笔头和细笔头，粗笔头又有方形笔头和圆形笔头之分。方形笔头平直整齐，笔触感强烈有张力，易于掌控，适合比较整体的块面上色。圆形笔头笔触线条豪放，变化丰富，适合表现笔触。

图 2.1.4 日本美辉马克笔

图 2.1.5 韩国 TOUCH 马克笔

图 2.1.6 美国三福马克笔

图 2.1.7 美国 AD 马克笔

图 2.1.8 彩色水溶性铅笔

（5）彩色铅笔

彩色铅笔俗称彩铅，可以反复叠加而不使画面发腻，适合表现家具、石材、光影的质感，是比较容易掌握的一种着色工具，而且可使用的时间较长。最常用的是德国辉柏嘉水溶性彩铅，使用这种彩铅需注意的是，在绘图、削铅笔过程中不要用力过大，因为彩铅的密度较小，容易折断（如图 2.1.8）。

（6）铅笔

铅笔绘图容易修改，主要在绘制细致设计图时打底稿使用，为初学手绘者必备（如图 2.1.9）。

（7）修正液

修正液是在效果图即将完成时用来对画面高光进行提亮，修改细节处时使用的，能为画面起到画龙点睛的作用。最常用的品牌是日本三菱修正笔，其液体比较流畅（如图 2.1.10）。

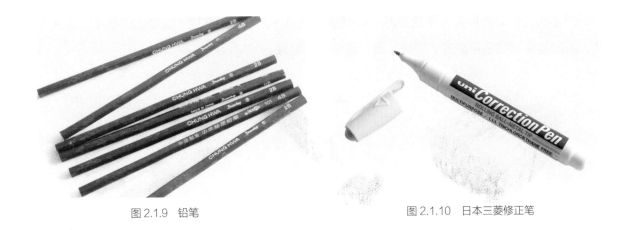

图 2.1.9　铅笔　　　　　　　　　　　　　　　图 2.1.10　日本三菱修正笔

2.1.2　画纸类

（1）复印纸

复印纸使用广泛，价格低廉，但易破损，不宜长时间保存，而且有时候还易划伤手，适合学习手绘初期练习时使用。复印纸通常分为 70g、80g、90g、100g 这 4 个常见级别，克数越重，纸张越厚，质量越好（如图 2.1.11）。

（2）草图纸

草图纸是设计师最常使用的，质地轻而透明，一般常见的有白色和淡黄色两种，成卷装，使用方便而且使用时间较长，适合做设计方案时画创意草图，深受设计师青睐（如图2.1.12）。

图 2.1.11　复印纸　　　　　　图 2.1.12　草图纸　　　　　　图 2.1.13　硫酸纸

（3）硫酸纸

硫酸纸更为透明、厚重，纸面较滑，在硫酸纸上绘图常用针管笔或一次性针管笔，因为普通笔在上面绘图易断墨，笔迹不宜快干，容易把图面和手弄脏（如图 2.1.13）。

2.1.3　尺规类

图 2.1.14　直尺

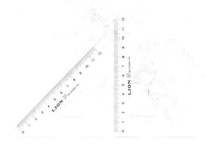

图 2.1.15　三角尺　　　　　　　　　　图 2.1.16　曲线板

（1）直尺

直尺是设计师最常用的尺规类工具，其长度一般是 30~50cm（如图 2.1.14）。

（2）三角尺

三角尺是设计师绘图常用工具，使用方便，常与专业绘图板配合使用，能绘制平行线、垂直线及各类角度线。三角板刻有标准的 30°、45°、60° 和 90° 角（如图 2.1.15）。

（3）曲线板

曲线板是设计师绘制带有曲线、弧线的平面以及立面图纸时使用的工具，曲线板模具有的形式较多，可根据需要进行选择（如图 2.1.16）。

（4）比例尺

比例尺是设计师做设计的必备工具，比例尺能够帮助设计师精确绘制平面图、立面图，并能进行精确的比例换算，因此深受设计师喜爱。

2.1.4 箱包类

（1）工具箱

工具箱的样式较多，主要用来装置马克笔，两层能容纳约 65 支笔即可，市场上工具箱的颜色及构成材料有很多（如图 2.1.17）。

（2）笔袋

笔袋可以放置钢笔、草图笔、针管笔、铅笔以及橡皮、刻刀、扇形比例尺等，同样是设计师的必备工具（如图 2.1.18）。

图 2.1.17　工具箱

图 2.1.18　笔袋

图 2.1.19　图纸包

图 2.1.20　图纸夹

（3）图纸包

图纸常见的有 A3、A4 两种规格，设计师绘制方案效果图一般常用 A3 图纸包，里面可以放 A3、A4 的图纸，图纸包便于设计师出差或写生携带图纸，方便且实用（如图 2.1.19）。

（4）图纸夹

常见图纸夹有 A3、A4 两种规格，适合放置手绘效果图。使用图纸夹能让学习者养成良好的习惯，翻看时不会把图纸弄脏、弄皱，同时方便保存及携带图纸（如图 2.1.20）。

2.2　钢笔线条的基础训练

2.2.1　钢笔线条的种类

(1) 抖线

抖线，犹如小波纹状的平缓直线，是设计线稿中最基础、最常用的基本线条。抖线练习对于环境设计专业的学生来说非常容易掌握，是学生最容易上手且最初级的训练方式。

(2) 拉线

拉线，是在顺手方向快速描画直线的排线方法。在线稿中，拉线要求用笔准确、笔触挺直，因而需要较长的时间不断练习，才能做到得心应手。

(3) 碎线

碎线，指比较随性的、曲折连贯的线条，是一种较为特殊的排线方法。画碎线要一气呵成，气势连贯却常不相衔接，可断可续，应视情况而定。在线稿中主要表现乔木、灌木及以及藤本植物的枝叶等。

(4) 划线

划线指从不同的方向下笔，快速画痕线，可以在任何方向划线，运用得当可为画面增色不少。

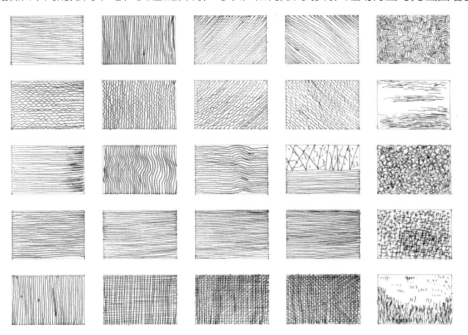

图 2.2.1　抖线、拉线、碎线、划线练习 / 接桂宝

图 2.2.2　临图线稿 / 接桂宝

2.2.2　排线的空间练习和体块练习

　　无论多么有成就的画家和设计师，都必须从最初级的画线和排线开始。在课堂上长时间的反复练习排线，常常会使人感到简单枯燥。为了避免因疲劳而厌学，可以酌情安排一些有形的、有空间感的趣味排线空间练习和体块练习，调节课堂情绪，比如可以利用抖线、拉线、碎线、划线临摹一些图片，进行穿插训练。

2.2.3　常见钢笔线条临摹练习

　　从时间上讲，排线有快慢之分；从空间上讲，有粗细之分；从专业设计角度来讲，有四种易于掌握的排线方法，即抖、拉、碎、划。在练习线条的过程中要坚持每日一练，画的时候有头有尾，轻重分明、注意秩序性。

2.3　马克笔和彩铅的基础训练

2.3.1　马克笔的基础使用

马克笔具有上色方便、快干和表现迅速的特点，分油性和水性两种。油性色彩鲜艳，渗透力强；水性色彩淡雅，较易与其他材料技法合用，应用广泛。在使用中，马克笔主要通过粗细线条的排列和叠加组合取得丰富的变化，以此达到我们塑形上色的目的。因此，我们在马克笔的使用当中，基础笔法就是对直线的运用，这也是进行马克笔练习的基础和开端。在运用马克笔时，下笔、起笔要干脆利落，运笔要快速、有力度（如图 2.3.1）。

在练习中常存在一些用笔问题，如下笔、收笔停顿太久，导致笔触头尾出现重点；运笔犹豫不决，导致笔触波动；笔触无力度，不能均匀接触纸面等（如图 2.3.2）。

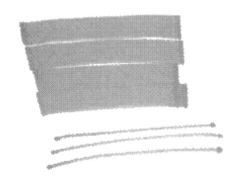

图 2.3.1　马克笔的使用　　　　　　　　　　　图 2.3.2　错误表达方法

在进行平行排笔练习时要注意，应沿着一个方向进行排笔，如水平方向、竖直方向或者倾斜方向（如图 2.3.3）。在排笔时还要注意，握笔杆的手要稳，心情要平和，一笔接。笔不间断地向后移动，在移动的时候速度应基本一样，这样就不会出现不均匀。移动过程中可以笔笔相连，也可以留出空白或飞白，这样画出来有密有疏，有主有次，既统一又有变化。

图 2.3.3　平行排笔练习

图 2.3.4　笔触排列练习

2.3.2　马克笔的笔触排列

马克笔的笔触排列形式多样，手法灵活，通过不同笔触的排列可以帮助我们塑造物体，表现场景。在进行笔触排列练习时要多尝试、多体会，了解不同的排列所带来的不同画面效果（如图 2.3.4）。

（1）平涂法

在效果图快速表现中，平涂法是最常用的手法，有横向平涂、竖向平涂、横竖结合平涂（如图 2.3.5）以及斜向平涂（如图 2.3.6）等。在手绘效果图快速表现中，平涂多是以薄涂为主，无论是哪种形式的平涂，平涂方式都可以根据所描绘物体的透视或结构走向用笔。在运用马克笔进行平涂时，还常常根据需要适当留有空隙，产生飞白，或者将两种方向结合使用。

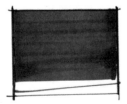

图 2.3.5　横向平涂、竖向平涂、横竖结合平涂　　　　　　　　　　图 2.3.6　斜向平涂

图 2.3.7 室内平涂运用　　　　　　　　　　　　图 2.3.8 景观平涂运用

在室内室外设计方案表现过程中，都大量用到平涂的手法，如在室内环境中防腐木的表面处理表现，采取的就是平涂手法留飞白的效果，以加强整体材质的光感（如图 2.3.7）。在景观中木平台、草地也常用平涂来表达（如图 2.3.8）。

（2）叠加法

叠加法就是在色彩平涂的基础上按照明暗光影的变化规律，重叠不同种类色彩的技法。马克笔、彩铅以及水彩在快速表现中叠加技法应用非常广泛，它常常与平涂相结合，在平涂的基础上叠加色彩和笔触，这样既能让所表现的对象色彩丰富、形象活泼生动，同时可以通过制造逐步加深的明度关系将光影关系明确化，更接近现实。马克笔在表现叠加技法中，主要有同色叠加（如图 2.3.9）、深色叠加浅色（如图 2.3.10）、不同颜色混合叠加（如图 2.3.11）等等。

叠加法在深入细致刻画中运用得比较多，如在画面中表现出物体的形体以及光影变化都要用到重复排笔，或是在原浅色基础上加入重色体现物体的立体感。在特殊物体中，必须要重复运笔才能表现出预期的效果，许多情况下都要使用叠加法。

（3）点画法

与其他几种画法相比，点画法运笔比较随意、自如，也比较好掌握，缺点是画面中若过多地使用此种方法，图面会显得过于凌乱，因此不提倡大面积使用此法。建议在局部刻画时运用点画法，可以使画面塑造得更深入（如图 2.3.12）。

（4）留白法

留白，就是在作品当中留下相应的空白。这也是马克笔手绘效果图中常用的表达技法。

在手绘效果图表现中，留白首先运用在构图上，整幅画面不被景物所填满，适当留有空白，给人以想象的余地。比如前景的树木、人物、车等，通常是留白的对象，这样既不至于让它们喧宾夺主，抢了画面，又能起到平衡画面、制造空间的作用，前景中的人物采取的就是留白的方法（如图2.3.13），其次，也常常用一些空白来表现画面中需要表现的水、云、天空等景象，这种技法比直接上色涂满表达效果更好，画面的透气感也更强（如图2.3.14）。

图 2.3.9   同色叠加

 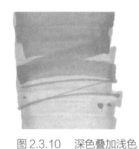 

图 2.3.10   深色叠加浅色

图 2.3.11   不同颜色混合叠加   图 2.3.12   点画法

图 2.3.13   人物留白   图 2.3.14   水体、天空留白处理

2.3.3　彩铅的画法

彩色铅笔和普通的铅笔有很多共同点，所以在作画方法上，可以借鉴以铅笔为主要工具的素描的作画方法，用线条来塑造形体。

在效果图绘制中，如果涂色面较大，可以把笔倾斜，笔杆与画面大约呈 45 度角，笔尖与纸接触面积大，便于我们迅速铺色。彩铅是有一定笔触的，所以在排线平涂的时候，要注意排线方向，要有一定的规律，控制好轻重力度，否则就会显得杂乱无章。

另外，线条表现效果与运笔也有关系，需要粗的时候我们用笔尖侧面来画，需要细的时候我们用笔尖来画，就可以粗细掌握自如了。当然，线条根据画面需要还可以有更多的表现方式。

（1）平涂排线法

平涂排线法，就是运用彩色铅笔均匀排列出铅笔线条，达到色彩一致的效果。也可根据实际的情况改变彩铅的力度，以便使它的色彩明度和纯度发生变化，带出一些渐变的效果，形成多层次的表现（如图 2.3.15）。

图 2.3.15　平涂排线

（2）叠彩法

几种色彩叠加使用，运用彩色铅笔排列出不同色彩的铅笔线条，变化较丰富（如图 2.3.16、图 2.3.17）。

图 2.3.16　色彩叠加

图 2.3.17　案例示范

（3）与马克笔结合

运用马克笔铺设画面大色调，再用彩铅叠彩法深入刻画（如图2.3.18、图2.3.19）。

图 2.3.18　彩铅与马克笔结合

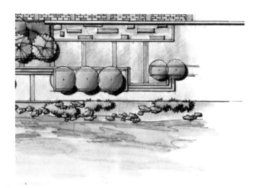

图 2.3.19　彩铅与马克笔结合案例

彩铅上色后不易清除，所以彩铅的上色顺序一般是从浅到深，对一些把握不准的地方可以留白，想好之后再上色。涂色时，不论排线还是平涂线，都应先均匀上色一遍，需要加深的地方再考虑叠加上相同颜色。彩色铅笔的基本画法就是平涂和排线两种，相对简单。但若想描绘出良好的画面效果，还需要对彩铅多加练习。

第三章

室内空间效果图表现

◎ 教学引导

◆教学重点◆

本章重点对室内常见材质表现、室内单体表现、住宅空间表现、餐饮文化空间表现、展示空间表现、室内快题设计等技法进行讲解与分析，使学生充分掌握室内空间中单个物体到物体组合、空间内物体与整个空间构成、不同使用性质与功能空间的表现要点，了解空间技法表现由简到繁、由少到多、由易到难的设计思路以及表现重点和表现技巧，以便于更好地传达设计方案的设计构思与设计理念。

◆教学安排◆

总学时：58 学时；理论讲授：10.5 学时；课堂练习：47.5 学时。

◆作业任务◆

1. 根据每个项目考察的具体内容进行安排；

2. 根据每个项目及其具体实验学时与实训学时进行选择训练。

项目一　室内常见材质表现技法

◉ 教学引导

◆教学重点◆

本项目重点讲解室内空间中常见材质手绘效果表现技法，在进行设计表达过程中，需要表达不同空间、不同氛围中的不同材质。因此，我们要熟练掌握空间中物体的结构线条及色彩特征，通过不同形式的线条以及色彩变化来表现不同的材质特征。

通过学习，学生可熟练掌握室内空间中常见材质手绘效果表现的技巧。

◆教学安排◆

总学时：2 学时；理论讲授：0.5 学时；课堂练习：1.5 学时。

◆作业任务◆

1. 室内设计中常见材质表现（地砖、墙面、板材、玻璃、布艺等常见材质）训练；

2. 拓展练习（复杂材质临摹训练）。

◆◆◆ ◆◆◆

室内空间材质的表现是空间设计的重要组成部分，对材质的细节刻画能够使手绘效果图更加生动真实。所以要对空间设计中常出现的材质如石材、木材、玻璃、布艺、墙纸、漆艺等进行系统的绘制练习，总结其基本技法和表现规律。

1.1　墙面

墙面在室内空间表达中占有重要地位，从类别上可以划分为材质墙面和无材质墙面（如图

3.1.1)。材质的墙面有木质、玻璃、墙纸纹理等，这类墙面都可以按照材质表现的方法进行表现。无材质墙面以白色为主，以衬托空间或者与空间物体相呼应，表现时需要看整体空间的色调去搭配颜色，也可以留白，同时还要考虑光源。

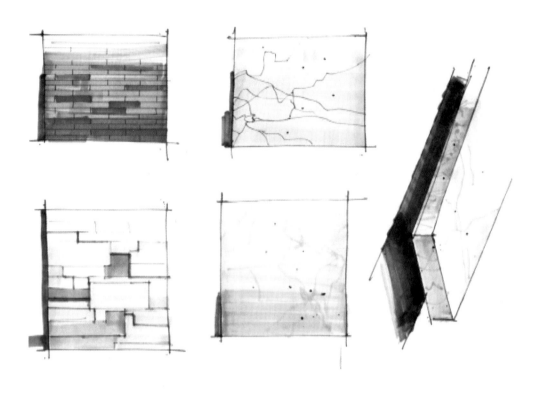

图 3.1.1　墙面材质

1.2　木质材料及其表现

在室内空间缔造过程中，木装饰包括原木装饰和模仿木质，它是装饰用材中使用最为广泛和最多的一种材料。木质材料给人一种亲和力，在室内装饰中的应用居多，如板面、门窗的材料主要应用木材饰面板。

木材装饰包括原木和仿木质装饰，由于肌理不同，材质种类也很多样。单黑胡桃同类的木材，其色泽和纹理也不尽相同，有黑褐色的，木纹呈波浪曲线；有的如虎纹，色泽鲜明。具体作画时应注意木材的色泽和纹理特性，以提高画面真实感。手绘表现的木质材质以室内地板、木质家具、木质装饰墙面为主，木质材质表面主要是亚光与亮光（如图 3.1.2、3.1.3、3.1.4 ）。

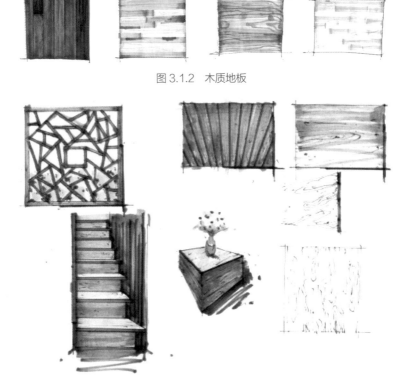

图 3.1.2　木质地板

图 3.1.3　木质楼梯、家具以及装饰

图 3.1.4　木质墙面装饰

1.3　石质材料及其表现

　　室内空间中应用的石材，一般分为平滑光洁的和烧毛粗糙的两种。前一种石材偶有高光，直接反射灯光、倒影，在表现时，我们一般用钢笔画一些不规则的纹理和倒影，以表现光洁大理石的真实感；另一种较粗糙，是经过盐酸处理的石材，在大面积石材装饰中，产生一种亚光效果，这种烧毛石材的表现一般用点绘法来表现其粗糙亚光的效果（如图3.1.5）。

　　在室内设计中大量使用的石材多是抛光的大理石、花岗石以及瓷砖，石材表现光洁平滑，质地坚硬，色彩变化丰富。以瓷砖、大理石为例，它们是室内特别是家居装饰的主要材料，所以在家居效果图中对瓷砖的表现尤为重要。

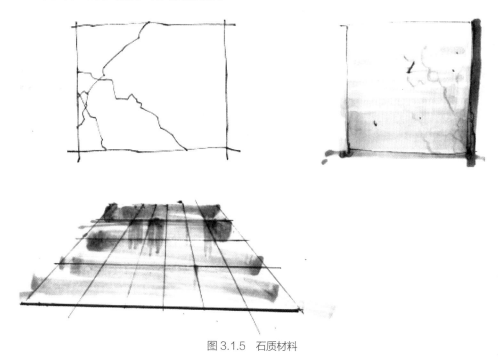

图 3.1.5　石质材料

1.4　玻璃材质及其表现

　　在现代室内外装饰中，玻璃幕墙、装饰玻璃砖、白玻璃和镜面玻璃等，它们有自己特有的视觉装饰效果，是其他材料不可替代的。玻璃不仅透明，而且还对周围产生一定的映照，所以在表现时不仅要画通过玻璃看到的物体，还要画一些疏密得当的投影状线条，以表达玻璃的平滑硬朗。

　　玻璃材质在空间设计中经常出现，质感效果有透明的清玻璃、半透明的镀膜和不透明的镜面玻璃。在表现透明玻璃时，先要把玻璃后的物体刻画出来（注意此时不要因顾及玻璃材质，而弱处理玻璃后面的物体），然后将玻璃后的物体用灰色降低纯度，最后用彩铅淡淡涂出玻璃自身的浅绿色和因受反光影响而产生的环境色。镀膜玻璃在表现的过程中除了有通透的感觉外，还要注意镜面的反光效果。镜面玻璃表现则要注重环境色彩和环境物体的映射关系，但在表现镜面映射影像时需要把握好"度"，刻画得不能过于真实，否则画面会缺乏整体感（如图3.1.6、3.1.7）。

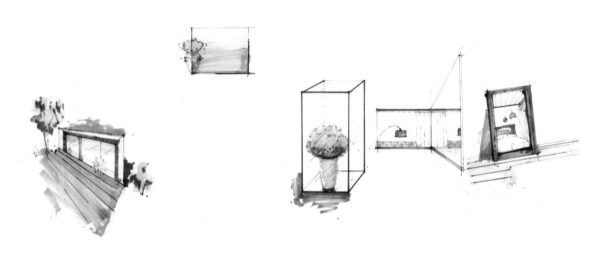

图 3.1.6　玻璃材质表现一　　　　　　　　　　　图 3.1.7　玻璃材质表现二

1.5　布艺材质及其表现

室内空间的布艺材质表达多以织物为主。织物主要有地毯、窗帘、桌布、床单等。织物柔软的质地、明快的色彩，使室内氛围亲切、自然。织物有着缤纷的色彩，使用织物，可使空间丰富多彩。画不同的材质，用笔应有变化，以体现织物的华贵、朴素等不同感觉，画面可运用轻松、活泼的笔触表现柔软的质感，与其他硬材质形成一定的差异，纺材效果表现富有艺术感染力和视觉冲击力，能调节空间色彩与场所气氛。

织物更多的作用是营造空间氛围，软化空间、丰富空间、装饰空间，我们可以运用较为轻松活泼的线条表现其柔软的质感。织物柔软，没有具体形体，在表达的时候容易将其画得过于平面，失去应有的体积感，使其柔软的质地不能很好地表达出来。例如抱枕的表现就要注意表现抱枕的明暗变化以及体积厚度，只有有了厚度，才能画出物体的体积感。绘制过程中先将抱枕理解为简单的几何形体，再进行分析。在刻画抱枕的时候，线条不能过于僵硬，注意整体的形体、体积感、布艺材质的质感和光影关系（如图3.1.8、3.1.9、3.1.10）。

图 3.1.8 抱枕以及桌布表现

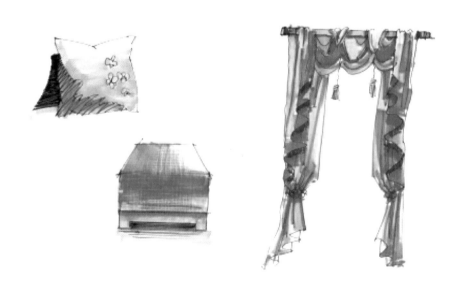

图 3.1.9 抱枕、桌布以及窗帘表现

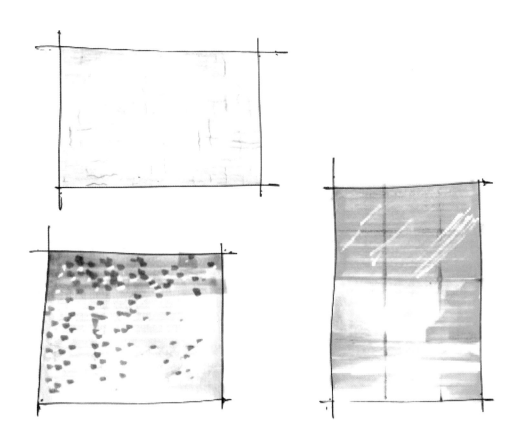

图 3.1.10　其他布艺材料表现

项目二　室内单体表现

◎ 教学引导

◆教学重点◆

作为室内篇的第二个项目，本项目将系统地讲解不同线条的绘制方法技巧及马克笔上色技巧，并重点讲解线条在室内单体中的具体应用。通过对不同线条反复练习，学生可掌握各种形式的室内陈设单体的画法以及室内小场景的表现技巧，从而真正理解马克笔地快速表现，为之后各种类型的室内空间表现打下坚实的基础。

◆教学安排◆

总学时: 8 学时; 理论讲解与课堂演示: 2 学时; 学生临摹: 2 学时; 照片写生: 4 学时。

◆作业任务◆

1. 单体手绘线稿的临摹。通过临摹，学生可掌握不同室内陈设单体的用线方式方法，做到用笔简练，透视准确，结构清晰合理，阴影关系完整。

2. 单体着色临摹。掌握马克笔排线方法，注意色彩的使用要有变化，避免沉闷，要求画面生动，有冷暖对比，并做到主次得当，虚实兼备。

3. 室内小场景临摹。要学习如何处理场景中各单体的前后位置关系，刻画详略得当，主次分明，关系表达明确，整体用色和谐完整。

4. 照片写生。由指导老师选定或学生自主选定室内陈设品单体和室内设计小场景的图片，学生依据临摹的经验，对照图片进行写生练习，注意透视关系、阴影的表达以及颜色的运用。

2.1　陈设单体表现

在室内手绘效果图中，单体家具和陈设品是构成室内空间的重要组成部分，也是手绘表现的基础和重点，其绘制的好坏会直接影响室内空间表现的效果。由于家具和陈设品有其造型、结构、材质特征，它们的手绘表现必须能够严格、真实、准确地表达出表现对象的比例、结构、尺寸、材质等信息，这也要求作画者具有一定的手绘能力（如图 3.2.1）。

图 3.2.1　室内单体组合 / 马睿

在室内陈设品单体训练中，应首先进行单体线稿的训练，由简入繁，循序渐进地练习。这是手绘初学者入门必须经历的基础训练内容。临摹是快速入门的最好方法，在临摹的过程中，学生要学习和体会线条的运用、不同造型与质感的表达、用色与着色的方法。通过大量的临摹学习，可真正掌握手绘的方法，从量变达到质变；再通过照片实物的写生练习，熟练掌握手绘技法，为室内空间的综合训练奠定良好的基础。

根据用途，室内陈设单体可分为以下类型：

A. 家具类：床、椅子、桌子、沙发、柜子等；

B. 家电类：电视、冰箱、洗衣机、音响、电脑、灯具等；

C. 洁具类：洗手池、浴缸、马桶等；

D. 工艺品：花瓶、器皿、挂画等；

E. 装饰品：植物、装饰画、鱼缸、抱枕、茶具等。

2.1.1　床的表现

室内手绘中床的表现，应把握的是结构和材质的表达。床的结构一般分为床板、床脚、床垫、床上抱枕以及床头柜。材质可以是木材、金属或皮革等，多种多样，床上铺设的柔软的丝绵制品是要重点表现的内容。在表现时，要从外轮廓入手，注意透视和床上用品舒适柔软的质感的表达，用笔要柔和、有弹性，线条之间要似断非断，不要过直过硬，画布褶时不能画得呆板僵硬，注意色彩不宜过于鲜艳。对于欧式风格的家具，要注意装饰纹样的刻画，展现奢华的造型（如图 3.2.2）。

图 3.2.2　欧式床单体 / 马睿

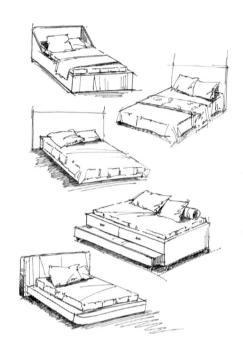 

图 3.2.3　床单体合集线稿 / 姜晶醒　　　　　　　图 3.2.4　床单体合集上色效果 / 姜晶醒

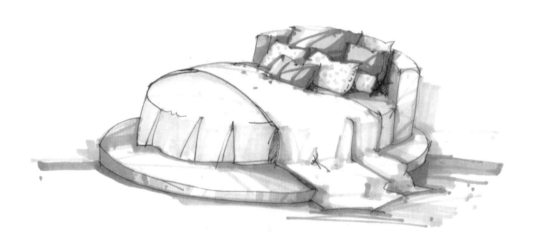

图 3.2.5　圆床 / 孙潇（指导教师：马睿）

2.1.2　椅子、沙发的表现

坐具在室内空间中占有重要的地位，在手绘表现时，要注意坐具同空间及其他家具的透视和比例关系，用笔注意直线与曲线的转换，上色时主要把握明暗关系以及不同材质的表现。一般对于初学者来说，可先从造型、透视等最简单的沙发开始练习（如图 3.2.6）。

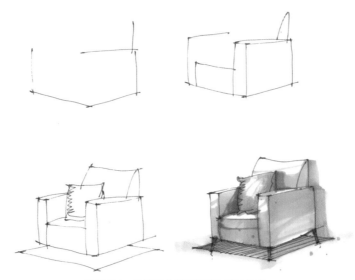

图 3.2.6　沙发单体绘制步骤示范 / 马睿

沙发是室内最常见的单体，需要多花时间练习不同透视角度、不同造型的沙发（如图 3.2.7、3.2.8、3.2.9）。

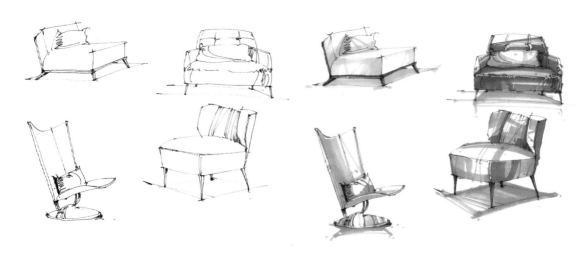

图 3.2.7　坐具单体（一）/ 马睿

普通的四条腿的椅子要特别注意透视的准确性，表现时可先绘制辅助线定好具体位置。

图 3.2.8　坐具单体（二）/马睿

图 3.2.9　坐具单体（三）/马睿

材质、纹理的表现可以提升座椅的表现力，使画面更加丰富。马克笔和彩铅结合使用，可使表达更充分、细节更丰满（如图 3.2.10）。

纤维编织的材质在表现时需要注意，质感的刻画不宜画满，要详略得当，一般以光照方向为参照（如图 3.2.11）。

图 3.2.10　沙发 / 马睿　　　　　　　　　　　　　图 3.2.11　藤编类座椅 / 马睿

2.1.3　桌子、柜子的表现

桌子、柜子的手绘表现，应该注意的是对其透视的准确性与材质的表现，尤其是桌面的反光，即桌面物品色彩对界面的反光影响（如图 3.2.12）。

图 3.2.12　床头柜 / 姜晶醒（指导教帅：马睿）

图 3.2.13　桌子单体线稿 / 马睿

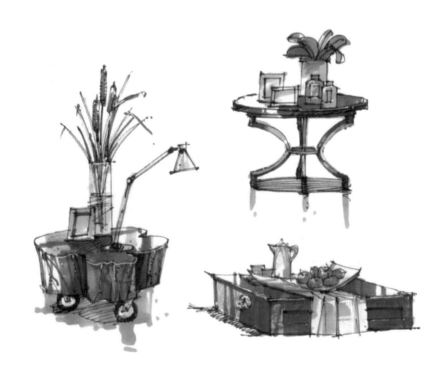

图 3.2.14　桌子单体上色稿 / 马睿

注意对桌面反光的处理，是上色的重点，它能够充分表达材质，增强画面效果，在表现中不可忽视（如图 3.2.14、3.2.15）。

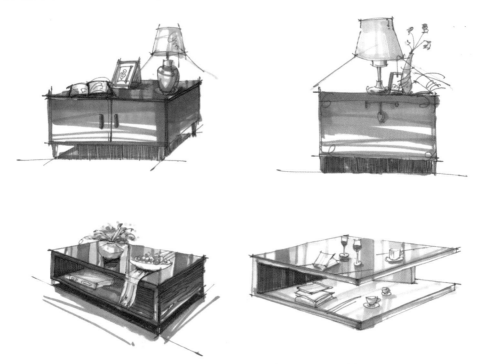

图 3.2.15 桌、柜单体 / 孙潇（指导教师：马睿）

2.1.4 灯具的表现

灯具是室内必不可少的照明电器。现代灯具的材质种类繁多、造型新颖，在室内设计中具有很强的装饰性，能有效渲染画面的气氛。绘制灯具时，要用线简洁，无论直线还是曲线，都要下笔利落，一气呵成（如图 3.2.16）。

上色时需要注意笔触的保留，并结合彩铅表现灯光的照射效果。高光笔和修正液作为点缀，能够增强光影效果，突出质感（如图 3.2.17）。

图 3.2.16　灯具单体（一）/孙潇（指导教师：马睿）

图 3.2.17　灯具单体（二）/ 马睿

2.1.5　电器的表现

家电手绘在室内效果图表现中也具有重要作用，尤其是在客厅电视墙的部分，电视的表现也是重点，手绘时主要注意对材质以及反光效果的表现（如图 3.2.18）。

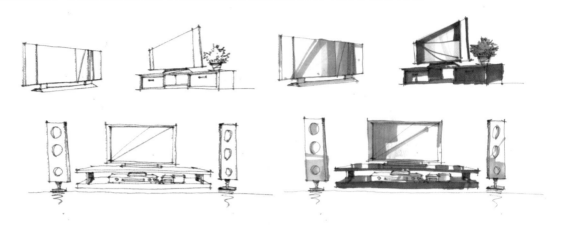

图 3.2.18　电视单体

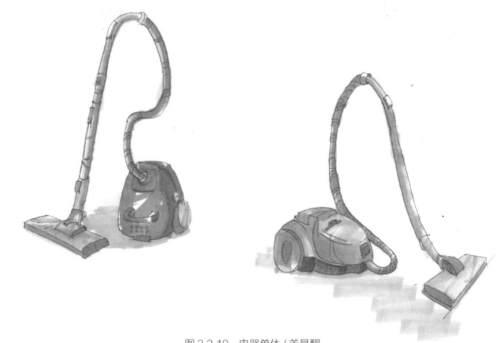

图 3.2.19　电器单体 / 姜晶醒

2.1.6　卫浴设施的表现

卫浴设施是效果图中不应被忽略的重要组成部分，表达重点在于材质的表达。陶瓷类的材质，要注意表面光洁度和反光效果的表现，颜色不宜过重，明暗对比适当即可。

洁具的绘画难点在于曲线形式的表达，通过不断练习，可增强对曲线的把握程度（如图 3.2.20）。

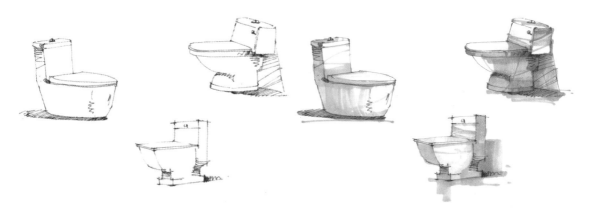

图 3.2.20 洁具单体线稿 / 马睿　　　　　　　　图 3.2.21 洁具单体上色稿 / 马睿

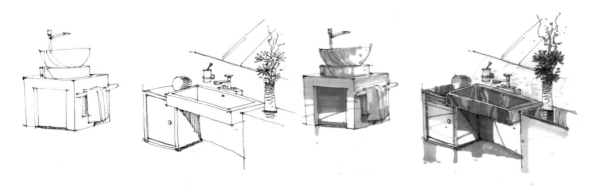

图 3.2.22 洗手池单体 / 马睿

图 3.2.23 浴缸单体 / 马睿

2.1.7 陈设装饰品的表现

陈设装饰品是室内空间中必不可少的，多为陶瓷、抱枕、装饰画和毛绒玩具等小物件，体量不大，但造型和色彩变化丰富，在室内设计中起到画龙点睛的作用。在手绘表现时，用笔要轻松，上色要鲜亮，颜色对比要柔和，笔触要适中（如图 3.2.24、3.2.25）。

图 3.2.24　桌面装饰品单体线稿 / 马睿　　　　　图 3.2.25　桌面装饰品单体上色稿 / 马睿

装饰画的表现，要注意协调与周围家具的比例关系，风格要与室内整体空间保持一致，用色不宜过艳，起到点缀作用即可（如图 3.2.26）。

图 3.2.26　装饰画单体表现 / 马睿

对于由多个饰品组合而成的小场景，线条不宜过度烦琐，整体的色调应保持和谐完整、丰富生动。区别于单体，组合的小场景要注意各单体间的关系，具体步骤如下：

步骤一：绘制线稿，注意各单体之间的位置关系，可用排线表达阴影关系（如图 3.2.27）。

图 3.2.27　饰品组合　步骤一 / 马睿

步骤二：大面积铺色，物品固有色以及阴影的表现（如图 3.2.28）。

图 3.2.28　饰品组合　步骤二 / 马睿

步骤三：细节处理与整体调整，绘制环境色、灯光效果，以及调整完善各饰品的细节（如图 3.2.29）。

图 3.2.29　饰品组合　步骤三 / 马睿

抱枕和毛绒玩具在室内效果图中是较为常见的装饰品，具体形态上以生动和适当夸张为主。通过大量的练习有助于造型能力的提升。

　　抱枕的练习应注意形态与表面装饰的变化，不要死板单一（如图 3.2.30）。室内手绘效果图中还会有一些布艺饰品的表现，画法与抱枕类似（如图 3.2.31）。

　　对毛绒玩具的质感表现，需要注意普通布面与长毛材质的区分，根据不同质感选择适合的表达方式，色彩的选择可随环境做适当调整（如图 3.2.32、3.2.33）。

图 3.2.30　抱枕／姜晶醒（指导教师：马睿）

图 3.2.31　室内布艺装饰品／马睿

图 3.2.32　毛绒玩具（一）/ 姜晶醒（指导教师：马睿）

图 3.2.33　毛绒玩具（二）/ 姜晶醒（指导教师：马睿）

2.1.8 室内植物的表现

室内植物可以美化室内环境、改善室内环境，为室内环境的整体氛围注入生气，在室内设计中占有重要地位，所以也是室内效果图表现中的重要组成部分。室内植物主要以盆栽为主，如龟背竹、滴水观音、绿萝、发财树等，其品种繁多，形态各异，所以我们要掌握植物的线稿和上色的基本方法，才能根据需求表达各种类型的室内植物。

室内植物的表现要求线条熟练，形体完整，不宜琐碎，下笔前要先在心中构思好。植物的线条，以不规则的曲线为主，下笔时要注意线条张弛有度，注意叶子的形式姿态要生动自然，不要画得过于死板生硬（如图 3.2.34）。

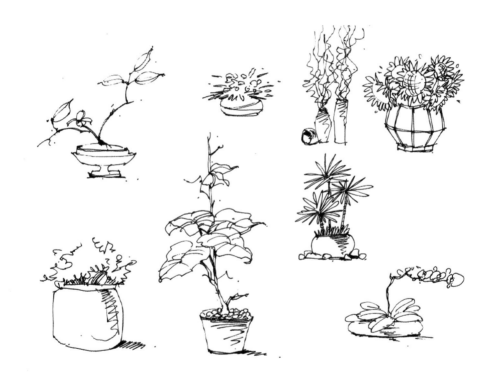

图 3.2.34　盆栽线稿 / 马睿

室内植物在色彩的应用上要大胆多变，黄绿、淡绿、淡蓝、浅紫、深绿等颜色都是丰富画面层次的选择。用高光笔或修正液加高光，能使整个画面更加生动。但要切记，高光的添加要点到为止，高光过多或面积过大反而影响效果（如图 3.2.35）。

叶子的处理，按其明暗关系表现其中几个即可，轮廓的用线要保持流畅、完整，再通过色彩来做具体明暗的区分以及形体的表达（如图 3.2.35）。

图 3.2.35　盆栽上色稿 / 马睿

　　体积偏大的室内植物，表现起来过于复杂，需要细心观察其形态、叶片的生长规律，通过色彩来区分叶子的前后关系、新叶与老叶的关系（如图 3.2.36、3.2.37、3.2.38）。

图 3.2.36　室内植物手绘　步骤一 / 马睿　　　　　图 3.2.37　室内植物手绘　步骤二 / 马睿

图 3.2.38　室内植物手绘　步骤三 / 马睿

图 3.2.39　室内盆栽示范

2.2　作品赏析与临摹

　　室内小场景的效果图表现中，场景的氛围以及物品之间的关系是表达的重点。室内小场景是单体向室内效果图过渡的一个重要环节，有别于单体表现，室内小场景表现应注意以下几点：

　　第一，单体之间的比例关系；

　　第二，单体之间透视关系的一致性与整体的空间关系；

第三，周边环境对于单体色彩的影响；

第四，场景中整体氛围的营造，以及色彩上的和谐搭配与统一。

图 3.2.40　室内小场景（一）/ 马睿

图 3.2.41　室内小场景（二）/ 马睿

看似不经意的搭配与组合，却能增强整体空间的生活气息，这也是学习中快速训练和适应室内手绘表现的有效途径（如图 3.2.41）。

光的表现可以烘托整个画面的氛围，使画面富有生气。需要注意光的表现不能过分，点到即可，可用马克笔一两笔轻轻带过，也可用彩铅上色（如图 3.2.42）。

如图 3.2.42 所表现的场景，色彩的表现基本以物体的固有色为主，用马克笔大面积铺色，细节处加入周围物品的环境色以及灯光照射效果的处理，给人一种温暖又舒服的感觉。

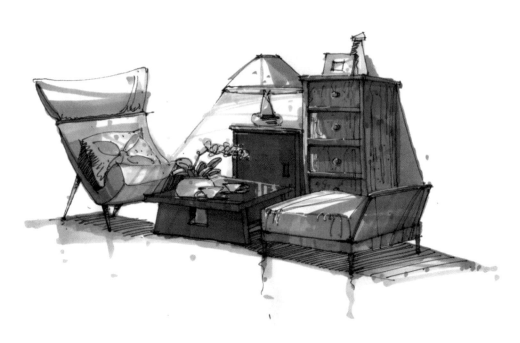

图 3.2.42　室内小场景（三）/ 马睿

不同色调的组合能够丰富空间的整体效果，手绘表现中用色要大胆，但要注意色彩之间的关系要和谐（如图 3.2.43）。

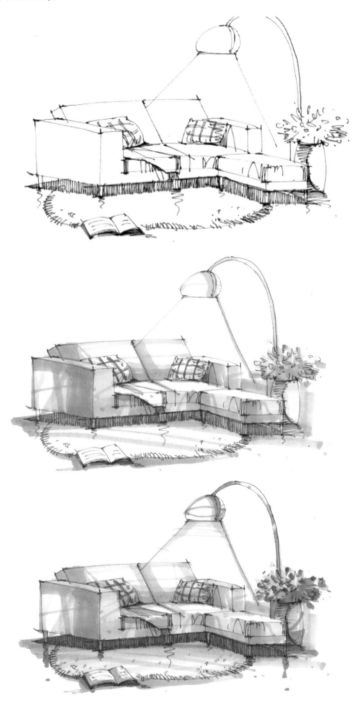

图 3.2.43　室内小场景手绘示范 / 马睿

图 3.2.44 室内小场景（四）/马睿

图 3.2.45　室内小场景（五）/ 马睿

图 3.2.46　室内小场景（六）/ 马睿

项目三　住宅空间表现

◎ 教学引导

◆教学重点◆

本项目重点讲解住宅空间的手绘效果图表现技法，包括平面图上色步骤，一点透视客厅、两点透视卧室、一点斜透视餐厅的线稿及上色步骤。学生通过学习，掌握整个住宅空间手绘效果图绘制程序、方法、要点与技巧。

◆教学安排◆

总学时：10 学时；理论讲授：2 学时；课堂练习：8 学时。

◆作业任务◆

1. 完成平面图上色临摹；
2. 完成一点透视客厅手绘效果图临摹；
3. 完成两点透视卧室手绘效果图临摹；
4. 课后练习（居住空间书房效果图临摹绘制）。

3.1　平面图

3.1.1　室内平面图线稿绘制

(1) 室内平面图线稿绘制要求

a. 平面图应采用正投影法，平面图的绘制线条要沉稳，把握好物体之间的比例关系。

b. 注意空间与家具、配饰之间的尺度。各个空间的大小划分应尽量合理，家具的大小要根据空间的大小来选定，装饰物的体量要与家具大小协调。

c. 平面图中的陈设品及用品应用图例表示，采用通用图例，做到规范、风格统一。

(2) 室内平面图绘图步骤

步骤一：首先选定图幅大小，确定绘图比例（如图 3.3.1）。

图 3.3.1　平面图线稿　步骤一

步骤二：画出墙体厚度，并定出门窗位置，按线宽标准要求填充墙体厚度、加深图线（如图 3.3.2）。

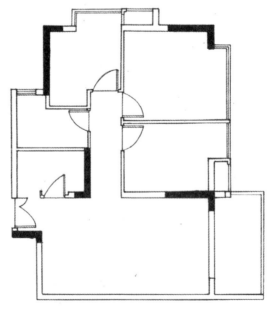

图 3.3.2　平面图线稿　步骤二

步骤三：画出家具及室内配饰图例（如图 3.3.3）。

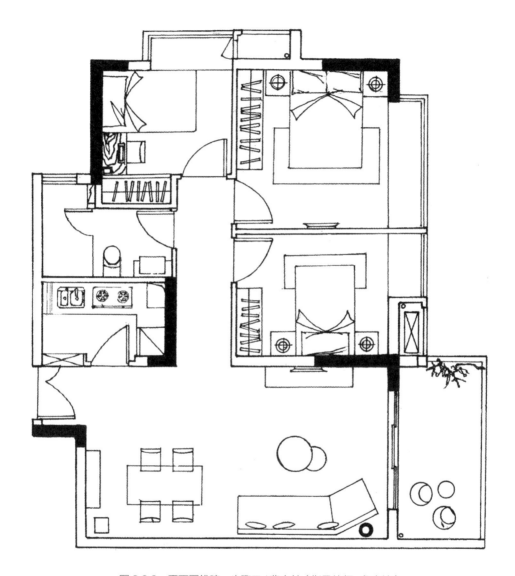

图 3.3.3　平面图线稿　步骤三 / 裴中兰（指导教师：鲁文婷）

3.1.2　室内平面图上色

(1) 室内平面图上色要求

平面图上色，能够增加功能分区上的辨认度，还可以用来表现材质、光感、植被的不同种类，通过色彩、材质、肌理、明暗关系的处理，能让一张平面图易读好懂。室内平面图上色要求：

　　a. 首先明确光源方向，当光源确定后，才能正确处理平面图中物体间的明暗关系。

　　b. 明暗关系、阴影的大小要统一，这样可以让画面整齐，让平面图立刻产生三维的立体感。

　　c. 光感与材质等细节的刻画尽量与实物统一，这样可以更真实，并能让画面看上去更加精细。

（2）室内平面图上色步骤

　　步骤一：首先做好上色前的准备工作。包括效果图的垫纸、马克笔试笔用纸，将马克笔按暖灰色、冷灰色、木色、红色、黄色、绿色等进行分类，以方便查找和使用。

　　步骤二：上色之前明确室内空间主色调的冷暖。平面图第一遍着色都是平铺，先对空间暗部进行上色，冷色调暗部就采用冷灰色系，暖色调暗部就采用暖灰色系（如图 3.3.4）。

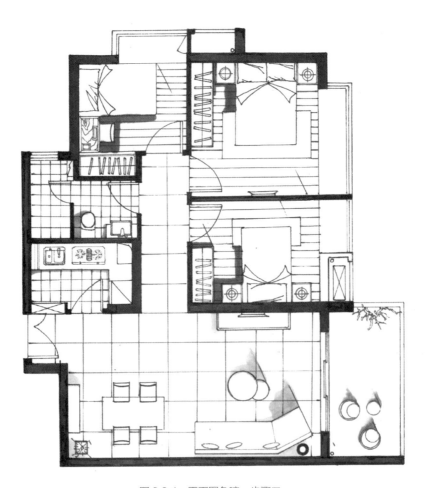

图 3.3.4　平面图色稿　步骤二

步骤三：对空间内的家具及配饰进行着色。要注意邻近色与对比色的变化，加强家具的明暗对比，表现画面的立体感，并且可以带些笔触。要注意整个画面的色彩不宜过多，否则画面容易花掉。处理好主色、辅助色、点缀色之间的主次关系，这样画面才会看起来舒服（如图3.3.5）。

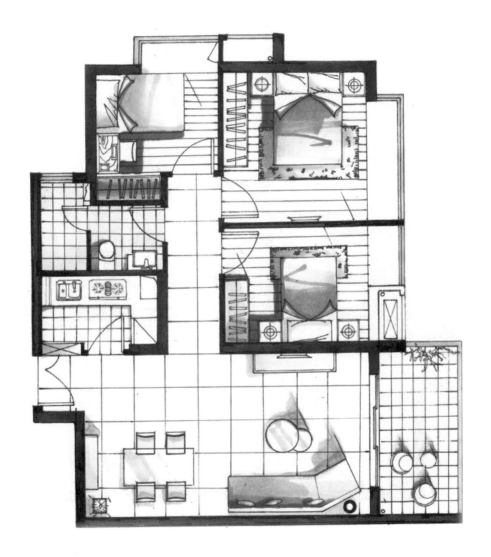

图 3.3.5　平面图色稿　步骤三

步骤四：画出铺装、植物的颜色。在铺装着色过程中要注意石材、木材、砖、拼花地面等不同材质的色彩、纹理的变化，保持色调统一。表达植物本身由于色彩、体型各异，室内设置不宜过多，注意与整体空间的搭配，包括变化性的明暗关系和空间的联系性（如图3.3.6）。

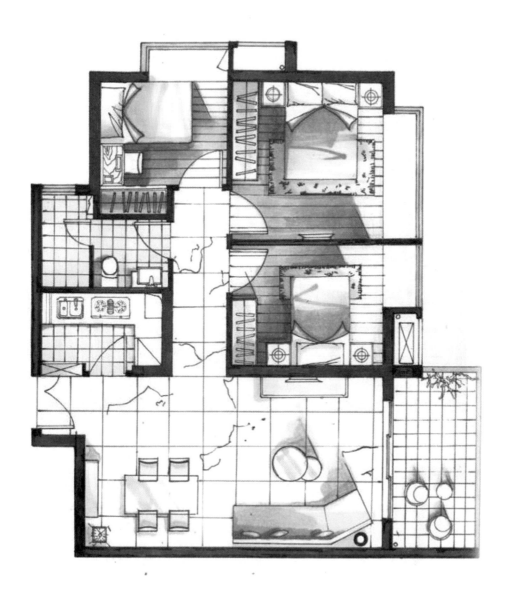

图 3.3.6　平面图色稿　步骤四

步骤五：用彩铅对局部进行微调即可（如图 3.3.7）。

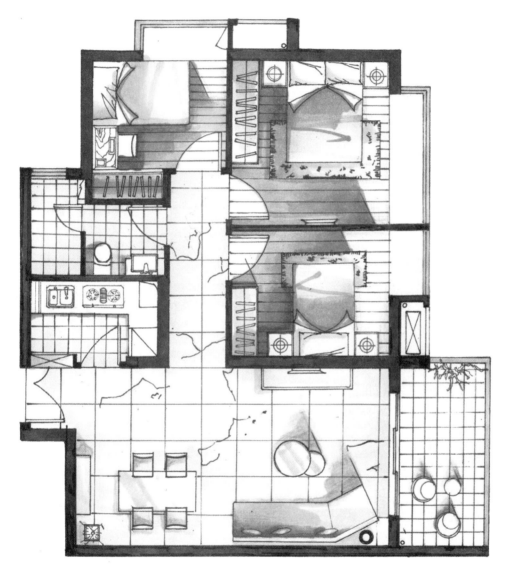

图 3.3.7 平面图色稿 步骤五 / 裴中兰（指导教师：鲁文婷）

3.2 卧室空间表现

对于初学者来说，在进行卧室空间表现时，可以先利用铅笔起稿，将主体空间结构勾画出来，这样有利于空间结构的准确表达。

3.2.1 卧室（一点透视）空间表现线稿

步骤一：注意画面的构图，确定空间在纸张上表现的位置，确定视平线及消失点，确定进深处内框的位置和大小。

步骤二：连接内框角点，并通过内框角点与消失点确定空间的围合立面（如图 3.3.8 ）。

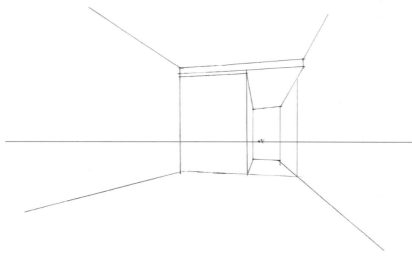

图 3.3.8　卧室线稿　步骤二

步骤三：确定空间内地面的家具、地毯等陈设品的位置。首先以体块形式概括，再逐步细化，同时要注意透视关系（如图 3.3.9 ）。

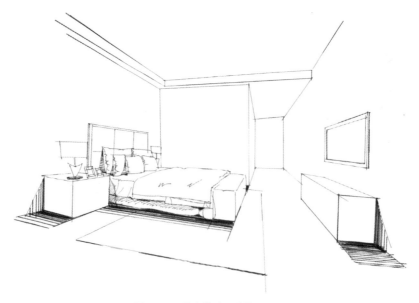

图 3.3.9　卧室线稿　步骤三

步骤四：深化上一步骤，将空间中的墙面和天花的细节刻画出来，并表现出物体不同材质的质感和物体的阴影部分，增加物体的体积感（如图 3.3.10）。

图 3.3.10 卧室线稿 步骤四 / 刘玉凤（指导教师：鲁文婷）

3.2.2 卧室（一点透视）空间表现上色

步骤一：上色前要先明确空间大的色调，是冷色调还是暖色调，这样有助于后期对马克笔颜色的选择。然后从视觉主体开始着色，由浅入深，对物体固有色及暗部平铺一遍颜色，画面中的亮部一定要留白，这样整个画面才会比较通透（如图 3.3.11）。

图 3.3.11 卧室上色稿 步骤一

步骤二：突出画面的主次关系，可以从整个作品中的视觉主体着色开始，加强色彩的明暗关系，对材质的固有色和细节进行处理，一般用同一支或同色系的画笔来表现画面的立体感和空间感，切忌使用不同色系或色阶跨度过大的画笔，因为这样会使整个画面显得脏且乱（如图3.3.12）。

图 3.3.12　卧室上色稿　步骤二

步骤三：在整个空间大的明暗关系及色调处理完成后，进一步刻画主体和陈设的细节，注意装饰画的色彩。深入刻画床、床头柜、家电的材质质感，注意整体画面的明暗基调。运用马克笔补充笔触，进一步加强物体之间以及物体与空间的对比；运用彩铅营造出灯光的光影效果，具体是灯光投射到墙面的光影效果以及光在环境中对周围物体产生的效果；运用修正液对整个画面中物体的亮部进行提亮，达到画龙点睛的作用（如图3.3.13）。

图 3.3.13　卧室色稿　步骤三 / 刘玉凤（指导教师：鲁文婷）

3.3　客厅空间表现

3.3.1　客厅（两点透视）空间表现线稿步骤

步骤一：确定好视平线的高度及侧点位置，画出基面及大的比例位置。一般将画面中心点定在 A3 纸纵向高度的 40%~50% 之间，在纸的两边找出两个消失点，定出空间进深处的墙体高度。将墙体上下顶点与视平线中的消失点对拉来伸出墙体，以此画出整个空间中各墙体的位置（如图 3.3.14）。

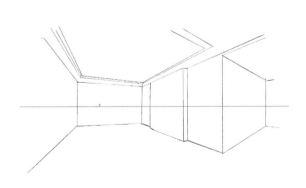

图 3.3.14　客厅线稿　步骤一

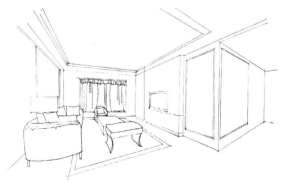

图 3.3.15　客厅线稿　步骤二

步骤二：画出墙面造型位置，根据地面和地砖的大小，画出客厅沙发、茶几等陈设组合，并画出地面与地毯位置（如图 3.3.15）。

步骤三：深入勾画出沙发、茶几、陈设架、吊灯等结构形体，完善其他装饰。将沙发等陈设品的阴影表现出来，注意表现物体阴影的叙事变化。最后将画面各部分细部深化，完善构图，强化结构及画面主次虚实关系（如图 3.3.16）。

图 3.3.16 客厅线稿 步骤三 / 刘玉凤（指导教师：鲁文婷）

3.3.2 客厅（两点透视）空间表现上色步骤

步骤一：在空间线稿的黑白灰和空间关系完成后，首先要在心中确定画面的空间色调及冷暖关系，从画面大的明暗关系入手，本例中，以暖色为主色调，地面与电视背景墙因是黑色石材，会加入一些冷色。此外，物体的固有色从暗部入手，用同一支笔画出物体及空间的明度变化（如图 3.3.17）。

图 3.3.17 客厅上色稿 步骤一

步骤二：根据色调要求逐步完成对画面中主次物体的刻画，一般从近景到远景，对沙发组合进行主次分明的基本色彩刻画，多些线条刻画出的明暗关系，使表现对象立体感强烈，结构鲜明（如图 3.3.18）。

图 3.3.18 客厅上色稿 步骤二

步骤三：对墙面、天花板和地面进行着色，要用大笔触快速运笔，在地面有冷暖变化的位置要在色彩未干时过渡，同时加强投影，强化立体感（如图 3.3.19）。

图 3.3.19　客厅上色稿　步骤三

　　步骤四：完成整体上色后，根据画面需要进行整体调整。对主要物体进行深入细致地刻画，如沙发、茶几等，此外调整细节与画面关系，做好色彩间的过渡，并利用彩铅和修改液表现材质及亮部变化（如图 3.3.20）。

图 3.3.20　客厅上色稿　步骤四 / 刘玉凤（指导教师：鲁文婷）

3.4 书房空间表现

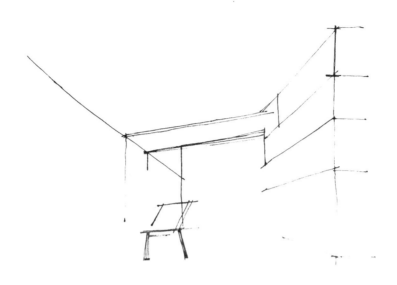

图 3.3.21 书房线稿 步骤一

步骤一：将画面的中心点高度定在纸的中部偏下处，左右居中，定出深处墙体高度。按透视关系画出空间进深，分别用点定出书柜及书桌的尺寸（如图 3.3.21）。

步骤二：画出书桌高度、躺椅位置，并刻画墙面书柜的结构。细化各家具、陈设的投影，在书桌正上方画出吊灯（如图 3.3.22）。

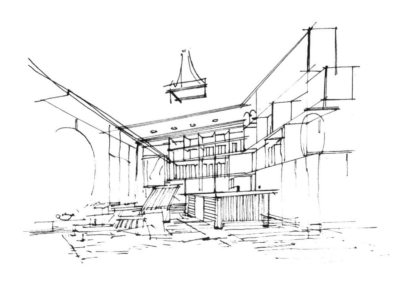

图 3.3.22 书房线稿 步骤二

步骤三：确定画面的基调，从明暗交界的地方开始刻画，画出书桌、书柜等基本色调，画的时候注意不要画得太深，同时注意渐变的过渡关系（如图 3.3.23）。

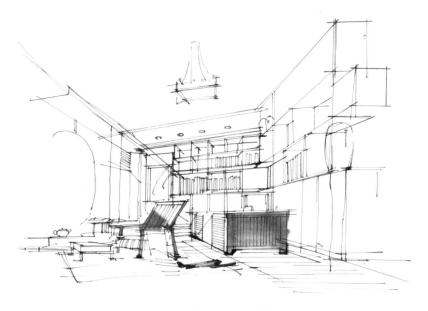

图 3.3.23　书房上色稿　步骤三

步骤四：进一步确定画面的基本色调，逐步进入深入刻画阶段，画出画面的"黑白灰"关系以及投影关系，并以固有色为主，刻画家具等陈设的明暗关系，尽量做到色彩用笔统一（如图 3.3.24）。

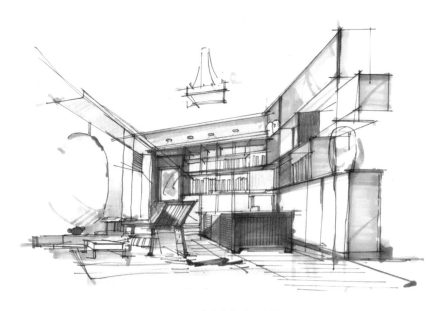

图 3.3.24　书房上色稿　步骤四

步骤五：在处理好大的空间关系之后，用灵活的笔触刻画画面细节，调整画面的整体关系，务必达到整体统一。最后用修正液对画面中的亮部提亮，画龙点睛（如图3.3.25）。

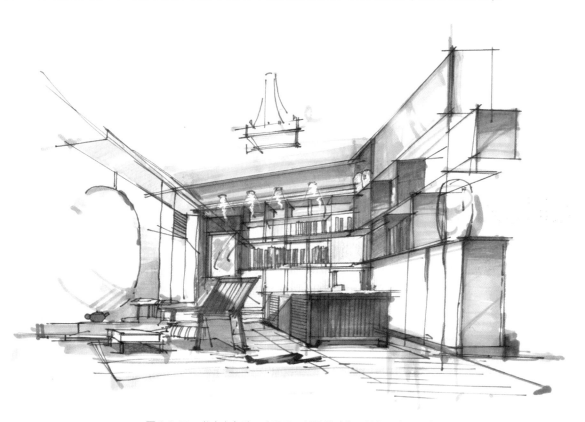

图 3.3.25　书房上色稿　步骤五 / 刘婷婷（指导教师：鲁文婷）

项目四　餐饮文化空间表现

◎ 教学引导

◆教学重点◆

本章节重点讲解餐饮文化空间的手绘效果图表现技法，包括餐厅、咖啡厅、酒店大堂的线稿及上色步骤。通过不同类型的餐饮空间绘制方法的学习，学生可掌握各类空间的上色技巧。

◆教学安排◆

总学时：4 学时；理论讲授：1 学时；课堂练习：3 学时。

◆作业任务◆

1. 完成自助餐厅或西餐厅手绘效果图临摹绘制；

2. 课后练习——咖啡厅手绘效果图临摹绘制；

3. 课后练习——酒店大堂手绘效果图临摹绘制。

◆◆◆　◆◆◆

4.1　自助餐厅手绘效果图表现

餐饮空间手绘属于公共空间大场景表现，在具体绘制过程中要注意空间的统一与协调，主次分明、表现手法连贯，特点鲜明，突出体现空间功能特性。

步骤一：确定视平线及消失点，把主体墙线确定出来，线条注意张弛有度（如图 3.4.1）。

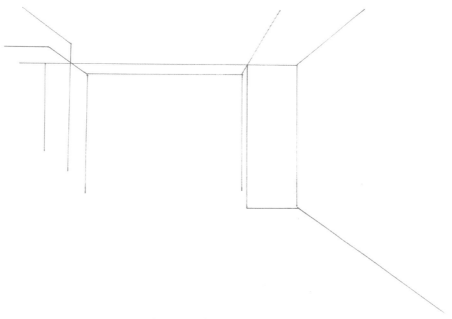

图 3.4.1　自助餐厅线稿　步骤一

　　步骤二：先根据石材的规格将地面上的地砖划分出来，根据设计要求将顶面确定下来。再把家具的位置和高度根据透视和构图原理确定下来（如图 3.4.2）。

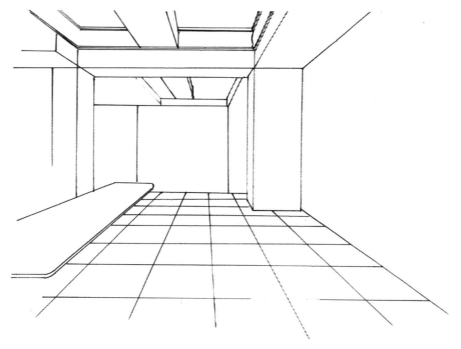

图 3.4.2　自助餐厅线稿　步骤二

步骤三：进一步深入画面，将明暗关系刻画出来，并根据画面需要添加些植物和相关配景。由于商业空间的画面中东西较多，因此线稿不用画得太详细，简洁随意的效果更好（如图3.4.3）。

图 3.4.3　自助餐厅线稿　步骤三

步骤四：第一遍上色要把空间中的墙面、地面、顶面及主要家具的固有色用浅色大致铺一遍。上色要大胆，不要拘泥于细节，对画面中的高光、亮部要注意留白，颜色不要过满，要留出空间，以便之后进一步修改（如图3.4.4）。

图 3.4.4　自助餐厅上色稿　步骤四

步骤五：根据设计深入表现家具和背景色调，一定要考虑家具的固有色以及环境色的影响。通过冷暖色调的对比，塑造空间的整体氛围（如图 3.4.5）。

图 3.4.5　自助餐厅上色稿　步骤五

步骤六：深入阶段。深入刻画主体细节，通过明暗的调整营造画面氛围。对餐桌椅、酒柜、陈列品的质感进行刻画（如图 3.4.6）。

图 3.4.6　自助餐厅上色稿　步骤六

步骤七：运用彩铅和修正液塑造灯光的微妙变化，以起到画龙点睛的作用（如图 3.4.7）。

图 3.4.7　自助餐厅上色稿　步骤七 / 裴中兰（指导教师：鲁文婷）

4.2　西餐厅手绘效果图表现

步骤一：确定视平线及消失点，并定出墙体高度，将空间整个大的结构线绘制出来（如图 3.4.8）。

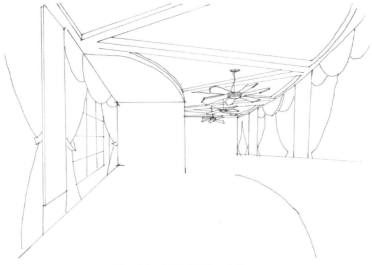

图 3.4.8　西餐厅线稿　步骤一

步骤二：从整体透视关系入手，根据设计确定家具、窗户及电风扇的位置，绘制过程中注意线条的虚实关系，不同类型、不同材质的物体应选用不同的线条来塑造（如图 3.4.9）。

图 3.4.9 西餐厅线稿 步骤二

步骤三：绘制弧形卡座区桌椅，一定要注意透视关系，近大远小，近实远虚。还要注意深入刻画天花板和窗帘的细节（如图 3.4.10）。

图 3.4.10 西餐厅线稿 步骤三

步骤四：利用线条组合刻画物体的黑白灰和空间关系。调整画面，突出视觉中心，增强画面的进深感（如图 3.4.11）。

图 3.4.11　西餐厅线稿　步骤四

步骤五：上色前要明确酒店餐厅的装饰风格及主要背景色调，从视觉主体开始着色，用单色把空间平铺，注意颜色与颜色的衔接，对比不要过强，反光质感的物体要多留白，这样才有透气感，方便接下来的修改（如图 3.4.12）。

图 3.4.12　西餐厅上色稿　步骤五

步骤六：突出画面的主次关系。强调主体材质的固有色和细节，加深色彩的明暗对比，通过不同材质的笔触表现画面的立体感、空间感（如图 3.4.13）。

图 3.4.13　西餐厅上色稿　步骤六

步骤七：调整画面，完善画面全局。进一步刻画室内陈设和视觉主体物的细节部分，加强对比，补充光影效果，使画面活跃起来。另外，对窗外植物稍加刻画，简单交代一下主要颜色即可，千万不要细化，以免喧宾夺主（如图 3.4.14）。

图 3.4.14　西餐厅上色稿　步骤七

4.3 酒店大堂手绘效果图

图 3.4.15 酒店大堂线稿 步骤一

步骤一：公共空间一般场景较大，建筑结构与空间透视要表现正确，画之前要根据纸张考虑好如何表现，可事先用铅笔根据透视关系把空间的大框架画出来（如图 3.4.15）。

步骤二：逐步添加空间内部的结构，沙发、陈设、立柱等，一定要随时注意透视关系（如图 3.4.16）。

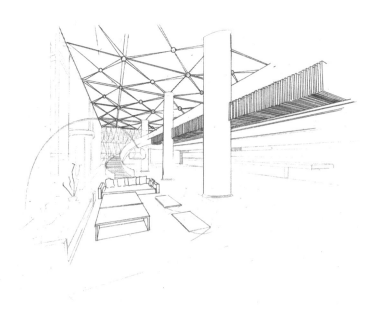

图 3.4.16 酒店大堂线稿 步骤二

步骤三：完善物体间的光影关系，适当画出背光面的暗部和物体的投影，注意不要过度刻画，要为上色留有余地（如图 3.4.17）。

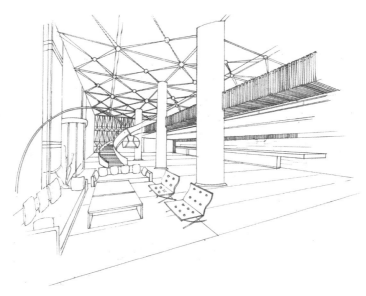

图 3.4.17　酒店大堂线稿　步骤三

步骤四：用灰色马克笔画出明暗对此，用与物体固有色一致的马克笔画出结构关系，并留出远处的白色。这一步主要是上大体色，需要注意色调，不可用色过多（如图 3.4.18）。

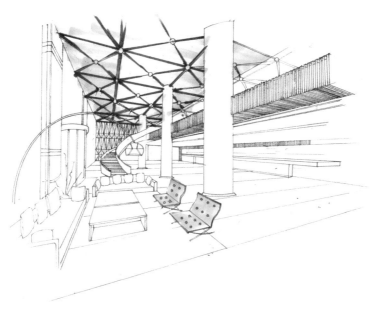

图 3.4.18　酒店大堂上色稿　步骤四

步骤五：用暖灰色马克笔画出立柱光面颜色，为了避免暗部沉闷，在陈设部分融入些暖灰色，上色时需要区分其受光面与背光面，适当留白（如图3.4.19）。

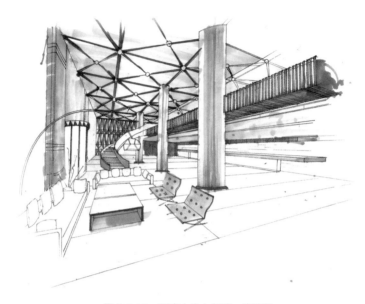

图3.4.19　酒店大堂上色稿　步骤五

步骤六：逐步进行颜色的冷暖及明暗过渡的处理，从大的空间结构入手，逐一上色，注意体现建筑内部的延伸感和空间感（如图3.4.20）。

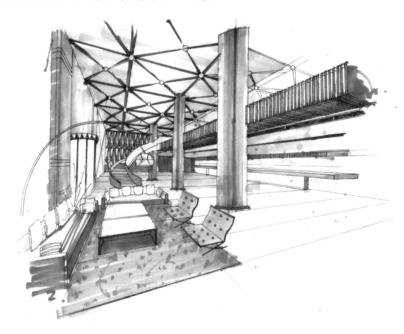

图3.4.20　酒店大堂上色稿　步骤六

步骤七：整体调整，着重加强对沙发组合的刻画，强调空间的节奏、变化至最终完成，最后利用修正液提亮（如图 3.4.21）。

图 3.4.21 酒店大堂上色稿 步骤七 / 南希（指导教师：鲁文婷）

4.4 咖啡厅手绘效果图

步骤一：根据两点透视中的视平线和两个消失点，依次确定墙体高度和大的空间结构，进一步画出墙面造型位置及陈设组合。深入刻画墙体、天花板的结构形体。最后完善主体家具的细节及光影刻画，完善构图，强化画面的主次虚实关系（如图 3.4.22）。

图 3.4.22 咖啡厅线稿 步骤一

　　步骤二：从画面大的色调入手，对空间内各界面及家具平铺着色。上色时要放松、大胆，由浅入深，一般第一遍着色时同种材质只用一支马克笔完成，高光部分要多留白，这样后面才好控制画面的整体效果（如图 3.4.23）。

图 3.4.23　咖啡厅上色稿　步骤二

　　步骤三：由于这幅咖啡厅背景墙比较复杂，因此在处理时要注意虚实关系，对视觉汇集中心细致刻画，其余地方尽量一笔带过，做好主次的区分（如图 3.4.24）。

图 3.4.24　咖啡厅上色稿　步骤三

　　步骤四：从画面整体出发，加强家具、陈设与墙体之间的对比，利用彩铅补充光影效果，修改液提亮物体高光，使画面整体和谐统一（如图 3.4.25）。

图 3.4.25　咖啡厅上色稿　步骤四 / 南希（指导教师：鲁文婷）

4.5　作品赏析与临摹

图 3.4.26　主题餐厅效果图 / 马睿

图 3.4.27　中式餐厅效果图 / 马睿

图 3.4.28 西餐厅效果图 / 马睿

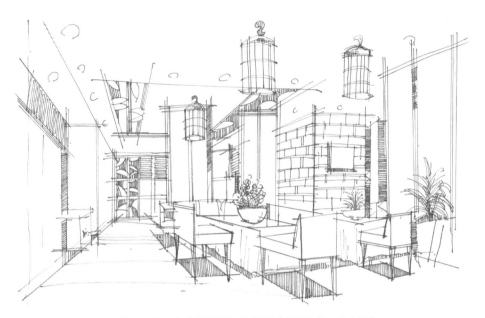

图 3.4.29　中式餐厅线稿 / 刘婷婷（指导教师：鲁文婷）

图 3.4.30　中式餐厅上色稿 / 刘婷婷（指导教师：鲁文婷）

图 3.4.31　快餐厅线稿 / 刘婷婷（指导教师：鲁文婷）

图 3.4.32　快餐厅上色稿 / 刘婷婷（指导教师：鲁文婷）

项目五　展示空间表现

◎ 教学引导

◆教学重点◆

展示空间是室内设计手绘表现中较大的公共空间。这部分专题的训练，旨在培养学生对大型空间的整体把握能力，包括大的空间透视、空间感的塑造、主题的突显、虚实的表达以及空间氛围的营造；对于橱窗类的场景表现，则侧重于培养学生对细节的刻画能力，对物品与背景的把控以及对设计主题的表达能力。

◆教学安排◆

总学时：4 学时；理论讲解与课堂演示：1 学时；学生创作：3 学时。

◆作业任务◆

1. 优秀作品临摹。根据作品欣赏内容从中进行临摹选择，学习如何处理较大场景的远近关系、如何运用色彩的冷暖对比表达空间进深、如何表达设计主题、如何表达灯光照明效果以及突显展示内容。

2. 橱窗展示等小空间临摹。临摹过程中应注意对细节的刻画，展品的结构、质感要被充分表达出来；突出展示的物品与背景的关系，做到主次得当、虚实兼备；注意色彩的使用要生动，有冷暖对比。

3. 展示空间临摹。通过临摹，学习如何处理场景中各单体的前后位置关系，刻画要详略得当、主次分明，关系表达明确，整体用色和谐完整。

5.1　展示空间效果图示范

"展示"一词中，"展"有陈列之意，"示"有给别人看之意。顾名思义，展示就是有计划、有组织、高密度的信息汇集、沟通和发散的活动，目的在于有效地向目标受众传递信息并及时获取反馈信息，进而达到相互了解和认识，促进社会产品的交流，提高人类文化水平的目的。

展示空间是室内公共空间的一个重要组成部分，它为人们传播信息、交流信息提供了一个特殊的"舞台"，在室内公共空间设计中相对复杂，综合性较强。大到博览会场、博物馆、科技馆、海洋馆、商业中心、专卖店、临时庆典会场，小到展台、橱窗以及陈列柜，都属于展示空间的范畴。

展示设计要处理的内容主要包括展示空间的规划、展示主题的体现、展示方式的安排、灯光照明的设置以及导引系统及附属空间（如服饰专卖店的试衣间）等，因此在展示空间的手绘效果图中，所要表达的内容较多。展示设计对手绘能力的要求相对较高，主要考察手绘者的空间想象力、手绘效果的表达能力以及对图纸气氛的渲染和整体把握的能力。

展示空间是室内手绘效果图中较大的场景，主要难度在于展品的陈列形式及展品本身的透视多变性，此类难度较大的空间表现需要经常反复的练习。在线条的表现上，要确保整体性，在符合透视的前提下，尽量避免一根线的反复描摹（如图 3.5.1）。

图 3.5.1　汽车展厅线稿 / 陆超

在色彩的处理上，要注意空间的整体性，对墙体的倒影处理要简练概括，最好用单只马克笔表现环境的叠加效果，结合彩铅表现环境的反射效果。展示空间中，光环境对空间氛围的营造起着至关重要的作用，不同颜色的人造光能增添效果图的整体气氛，灯光区域要注意留白和颜色的处理（如图 3.5.2 ）。

图 3.5.2　汽车展厅上色稿 / 陆超

通常在绘制展示空间这类大场景时，可按照以下步骤进行表现：

步骤一：绘制线稿。首先画出空间的基本框架，确定好透视角度，然后根据消失点由近到远绘制展品或陈设。用线条表现阴影关系时需要注意点到即可，不宜过重，后期配合马克笔加强效果（如图 3.5.3 ）。

图 3.5.3　服装展厅绘制　步骤一

步骤二：整体铺色。先把展厅的墙面、地面、顶面以及陈设用浅色大体铺设颜色，着色不宜过多，要由浅入深，注意前后关系和虚实关系，同时要注意留白（如图3.5.4）。

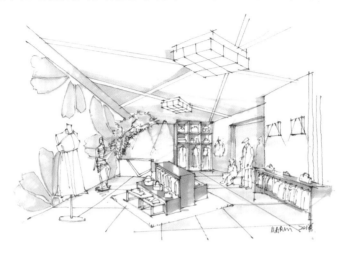

图3.5.4　服装展厅绘制　步骤二

步骤三：深入刻画。加强展厅内主体的明暗和色彩对比，尤其对于较大的场景，要特别注意空间上的远近关系要拉开，色彩上也要着重表现进深感和空间感。对于空间中的主体陈设要重点刻画，配景要跟进刻画，但要概括处理，不要过细、过碎，以免喧宾夺主。灯光作为展示空间的重要组成部分，起到渲染气氛的重要作用，在前期上色的过程中，应在灯光照射的区域注意色彩的区分，结合彩铅上色容易控制，效果更佳（如图3.5.5）。

图3.5.5　服装展厅绘制　步骤三

步骤四：细节调整。进一步刻画主体，调整空间的整体氛围，补充光影效果和环境色的影响，结合彩铅，做进一步的加重或提亮，用彩铅加入环境色对墙面和地面的影响，起到画龙点睛、完善画稿的作用（如图 3.5.6）。

图 3.5.6　服装展厅绘制　步骤四

绘制此类设计感较强的专卖店效果图时，线条的运用较多，这是考察手绘者能力的一个重要项目。色彩表现上要注意整体性，从全局考虑，不要为了细致刻画某个单体效果而破坏整体的风格（如图 3.5.7）。

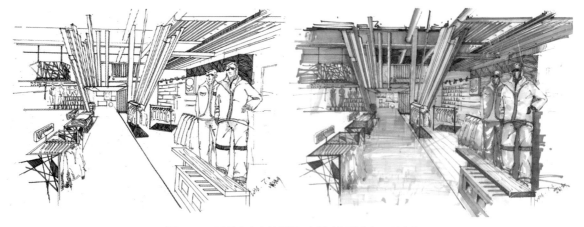

图 3.5.7　服装专卖店效果图／南希（指导教师：马睿）

5.2　橱窗效果图示范

橱窗是展示品牌形象的窗口，也是传递商家信息的重要渠道。人们对于客观事物的了解，有 70% 是靠视觉的，所以橱窗的展示形式对于展示的效果是至关重要的。橱窗类展示空间效果图的表现，也要注意突出画面效果，具有一定的视觉冲击力，并能够吸引眼球。

橱窗效果图画面的重点在于主要展品的表现上，应使主要展品从背景中突出出来，做到虚实得当，重点刻画物品的形式与质感。虽然展品是画面的主要内容，但在刻画时不要忽略整体效果的统一以及设计风格的表现。

橱窗的绘制步骤与前面章节的单体组合相似，具体参照图 3.5.8 至图 3.5.11。

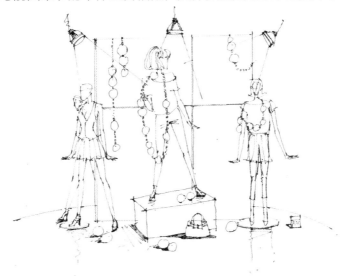

图 3.5.8　橱窗效果图绘制　步骤一 / 马睿

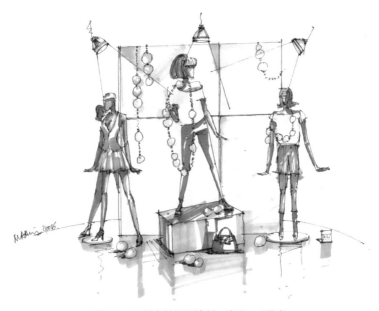

图 3.5.9　橱窗效果图绘制　步骤二 / 马睿

图 3.5.10　橱窗效果图绘制　步骤三 / 马睿

图 3.5.11　橱窗效果图绘 / 马睿

5.3 作品赏析与临摹

图 3.5.12 博物馆大厅效果图 / 冯佳荣（指导教师：马睿）

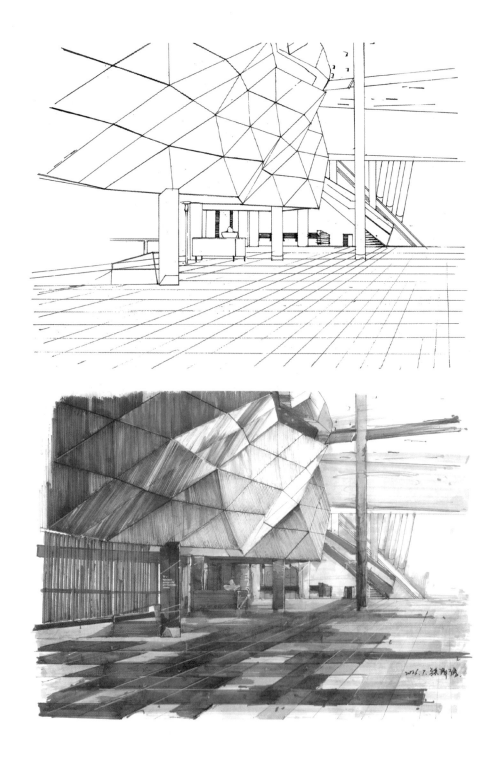

图 3.5.13 展览馆大厅效果图 / 张倩语（指导教师：马睿）

图 3.5.14 展厅效果图 / 张倩语（指导教师：马睿）

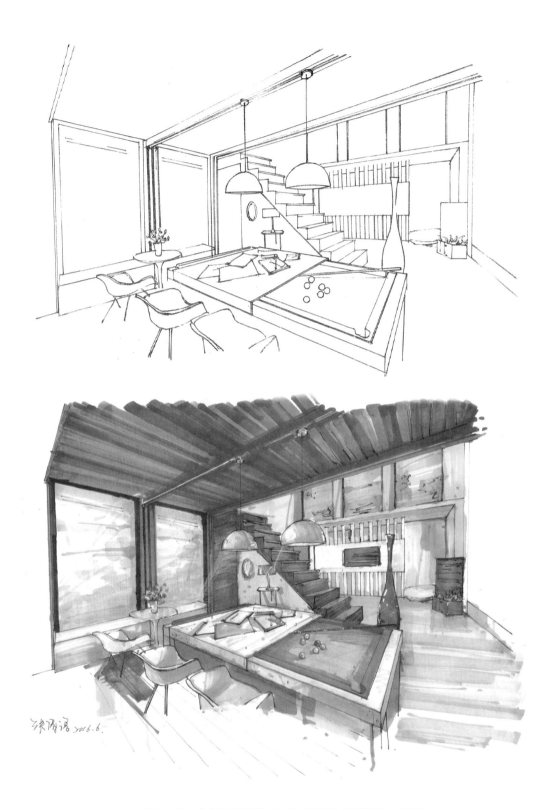

图 3.5.15　艺术画廊效果图（一）/ 张倩语（指导教师：马睿）

图 3.5.16 艺术画廊效果图（二）/ 冯佳荣（指导教师：马睿）

图 3.5.17 服装专卖店效果图 / 刘雪娇（指导教师：马睿）

项目六　室内快题设计

◎ 教学引导

◆教学重点◆

本章节重点讲解室内快题设计手绘效果图表现技法，包括设计方案构思草图、平面功能分区图、剖面图、节点图、大样图和局部立面图的绘制，详细分析快题设计中空间效果图从空间透视线稿绘制，到线稿上色、深入处理等过程中的绘制步骤与技巧。通过学习，学生可掌握各类不同空间快题设计表现技巧与要点。

◆教学安排◆

总学时：30 学时；理论讲授：4 学时；课堂训练：26 学时。

◆作业任务◆

1. 别墅客厅快题设计创作（A3 纸张）；

2. 茶室快题设计创作（A3 纸张）；

3. 科技馆展厅快题设计创作（A3 纸张）；

4. 拓展训练（从作品赏析中选取临摹方案，A3 纸张）。

◆◆◆ ◆◆◆

6.1　居住空间小户型设计

所谓的小户型，就是指 90 平方米以下的住宅，它应该满足适应性、舒适性、实用性、安全性、环保性和经济性的要求。对于小户型而言，较高的空间利用率就显得更为珍贵，户型设计也就更为重要。小户型不等于低标准，不等于不实用，也不等于对大户型的简单缩小和删减，在追求生活品质的今天，小户型更多的是追求"克服面积局限，优化户型"的根本目标。

小户型设计要点：

1. 功能分区合理，室内流线便捷。

根据空间使用功能进行合理分区，可分为私密休息区、公共活动区和辅助区，每个分区要具有明确的使用功能，具备一定的公共性与私密性，明确动区与静区，空间还要保证干湿分开、洁污分开、公私分开。根据使用功能进行通道及流线的尺度合理设置，最大限度满足人的使用习惯与使用需求。

2. 轻装修，重装饰。

由于空间面积较小还要做到功能完整，因此要在有限的空间内减少大框架的堆叠与设置，更多的是在空间陈设家具上来满足空间的使用性。家具在外观上可采用造型特异、装饰性较强，并具备多种功能，可折叠可移动多种用途，更多的是注重家具的可收纳性。

3. 色调搭配协调，空间设计风格与表现手法统一。

在同一空间内最好不要过多地采用不同的材质和色彩，这样会造成视觉上的压迫感，要设定空间统一的主色调，再以局部的辅助色进行协调搭配；空间设计风格特征要明确，不要过多地植入不同风格的设计元素，以造成空间的混乱感，要注重整个空间设计表达的统一性。

4. 通风、采光流畅。

室内空间要保证足够的光线植入，如局部采光不够，可进行人工照明，以保证空间的采光效果。室内窗户的形式及其设置要保证形成室内对流，达到室内较好的通风效果。

学生在完成此类命题设计时，要针对空间的使用性质、业主职业、性别、兴趣、爱好以及特定的设计要求，进行空间的具体设计。

● **任务书：居住空间小户型设计（单间配套）** ●

（一）设计要求

1. 在有限的空间内实现不同功能区区域的划分，满足业主日常使用需求。

2. 空间功能区域划分合理，设计风格突出，空间表现形式整体统一协调，局部空间表现突出设计者创新性的表现手法。

3. 空间划分尺度符合人体工程学的相关要求，充分体现人与家具及环境的和谐性、舒适性、健康性、安全性。

（二）图纸要求

1. 平面功能分区图绘制 1 张，比例自定，表现完整。

2. 立面图绘制 1~2 张，突出局部设计内容细节。

3. 自选特征明确的角度进行透视效果表现绘制，突出空间的设计风格特征。

4. 文字设计说明，不少于 200 字。

5. 画面根据设计方案的内容进行版式设计，充分突出设计方案的设计表现亮点。

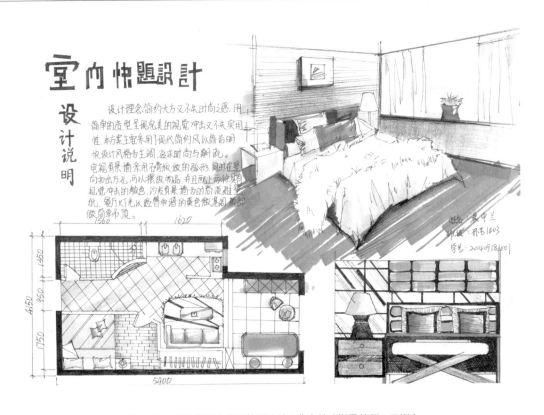

图 3.6.1 居住空间小户型快题设计 / 裴中兰（指导教师：王洋）

作业评析：

该快题设计方案（如图 3.6.1）表现的色彩运用及色调表现较为和谐，能够实现空间基本使用功能，风格以现代简约风格为主，主体物结构表现笔触较为完整。

但是平面功能分区设置存在较大问题：（1）入户即洗手间，此空间应设置在隐私性相对较强的位置并靠近卧室，便于业主使用。（2）厨房区域与客厅区域的隔断设置较为简易，考虑到厨房中水、电、气的使用，应建立两个空间明确的空间分离。（3）卧室门体设置位置不合理，玄关尺度过长，实体墙造成空间的空气不流通，应考虑意向性隔断分区。（4）卧室无通风口，衣柜设置的位置与尺度不符合人体工程学的相关数据。

此外，方案设计中，不同材质、不同功用物体的处理方法作为设计的重要元素，在图面中不能表达不明、交代不清。平面图上色也相对简单且混乱，不能清晰地表达出实物特征。立面图上色平涂过多，没有进行色彩的层次叠加，没有色彩过渡，凸显不出物体的结构。画面整体较平，用色上笔触也相对琐碎，需要注意画面的整体性。

━━━━━━━━━━━ ● 任务书：居住空间小户型设计（白领公寓）● ━━━━━━━━━━━

（一）设计要求

1. 根据业主职业、年龄、性别、兴趣、爱好特征进行调研分析，从而确立设计风格及设计表现形式。

2. 根据白领公寓空间的特殊性进行空间功能区域划分，尽量体现空间的低密度性与舒适性，体现空间豪华性。整体风格与氛围的营造要有内涵，注重空间细节设计的精细化程度，注重精神及人文内涵设计表现。

3. 空间划分尺度要依据人体工程学的相关数据，注重功能区间的流动性，注意活动区之间的相互独立、安全、私密，又能很好地交融、互动，将小户型空间价值发挥到最大。

（二）图纸要求

1. 平面功能分区图绘制 1 张，比例自定，表现完整。

2. 立面图绘制 1~2 张，突出立面设计内容细节。

3. 自选特征明确的角度进行透视效果表现绘制，突出空间的设计风格特征。

4. 文字设计说明，不少于 200 字。

5. 画面根据设计方案的内容进行版式设计，充分突出设计方案的设计表现亮点。

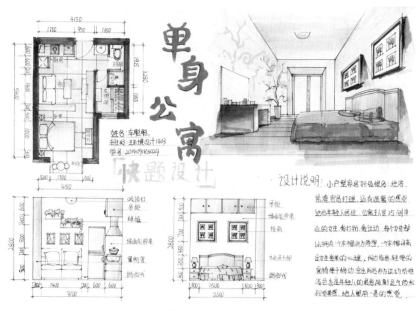

图 3.6.2 单身公寓快题设计 / 车聪聪（指导教师：王洋）

作业评析：

该套设计方案（如图 3.6.2）整体表现过于简单，色彩运用较为单一，实物结构、材质特征表现不到位，空间特性不突出，画面文字设计与版面设计未能与设计方案有效结合，没有体现出白领公寓的设计要点与特征。

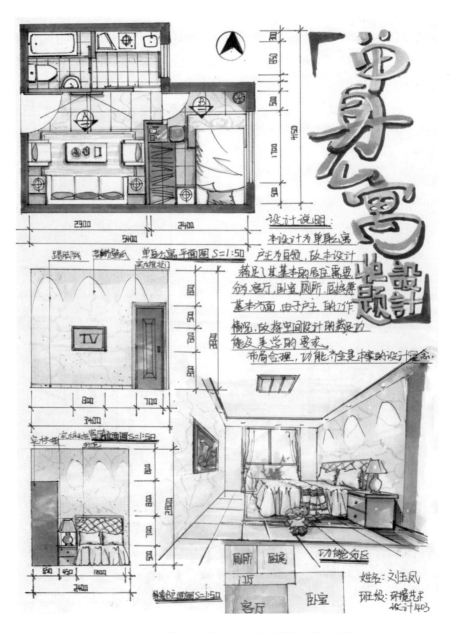

图 3.6.3　单身公寓快题设计 / 刘玉凤（指导教师：王洋）

作业评析：

该套设计方案（如图3.6.3）画面整体表现较为明快、完整，空间划分较为合理，空间流线流畅，表现手法较为成熟，但是立面表现应选择特征较明显的角度进行表现，不要选择无实体性表现的角度。画面尺度标注与文字性说明应突出设计方案的艺术性与实用性。空间细节表现还要加强突出白领公寓的空间特性。

课堂练习：

请根据案例内容进行分析，列举出设计方案中的优缺点，并在原方案的基础上进行快速设计表现，设计风格、表现形式均可进行更改与完善（如图3.6.4、图3.6.5）。

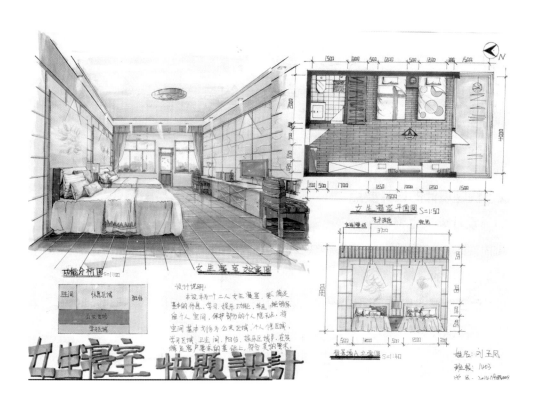

图3.6.4　女生寝室快题设计 / 刘玉凤（指导教师：张晓敏）

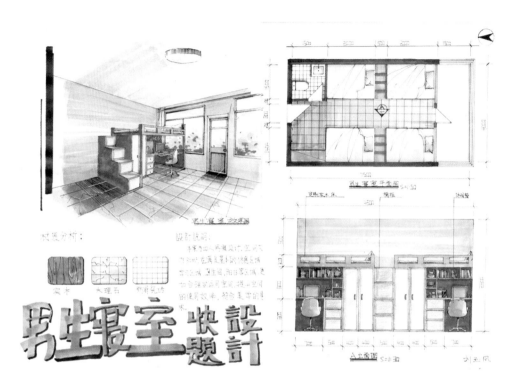

图 3.6.5　男生寝室快题设计 / 刘玉凤（指导教师：张晓敏）

6.2　快题设计的设计要点

6.2.1　设计成果完整

任务书中要求绘制的图纸一定不能缺少，否则再好的构思与表现都是徒劳。

（1）没有明显的"硬伤"

画面不存在明显的尺度错误和比例错误，功能布局不存在明显的不足或者失误，对题目的限制条件理解正确等。

（2）亮点突出

在大多数设计方案中，能脱颖而出的一定是有亮点的，这要求在表现上应充分深入，排版新颖合理，设计概念动人。

（3）综合效果好

设计与表现通过整体的版面设计来呈现，版面的布局直接决定了给人的第一印象如何。

6.2.2　表现内容明确，特点鲜明

（1）版面构图设计与调整

表现内容包括版面内各种图形的常用布局格式。版面构图设计占据作业的时间很短，费神而不费力。版面构图的设计能展现热闹、时尚、古朴、童趣等各种截然不同的风格，这就是版面设计的绝妙之处。版面的整体表现形式、构图是否可读，能否在形式上吸引视线，很大程度上取决于版面的设计。

（2）色彩的快速表现

首先是背景色，作为大面积的色彩，背景色对室内其他物件起衬托作用；其次是主体色，在背景色的衬托下，以在室内占统治地位的家具的颜色为主体色；最后是重点色或强调色，它作为室内的重点装饰和点缀，面积小却非常突出。

6.3 快题设计的表现程序

6.3.1 审题

认真读懂题目要求，包括空间尺寸、使用者（分寸差异）、空间类型（办公空间还是餐饮空间等）、功能要求、特殊要求（如欧式风格）等。

6.3.2 分析

分析功能空间的流线，功能空间的面积，功能空间的开放程度以及空间的对内和对外关系等。

（1）设计操作

寻求合理的构图布局，绘制设计草图，确定设计理念与设计方案（如图3.6.6至图3.6.8）。

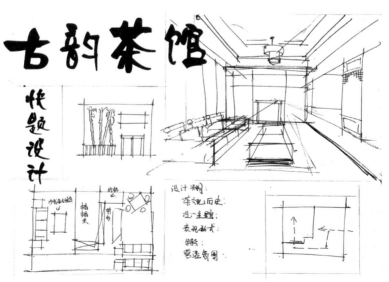

图 3.6.6　古韵茶馆快题设计之草稿 / 车聪聪（指导教师：接桂宝）

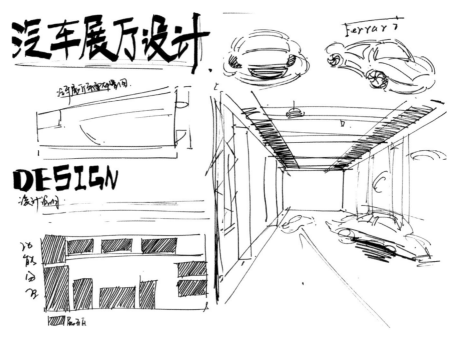

图 3.6.7　汽车展厅快题设计之草稿 / 南希（指导教师：接桂宝）

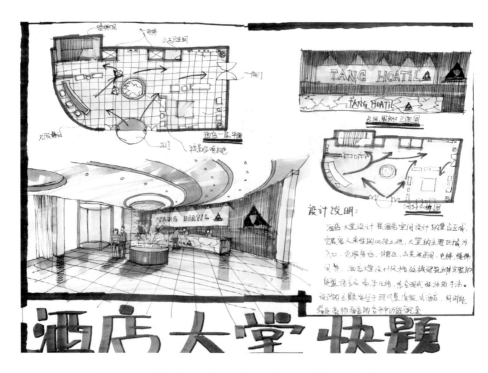

图 3.6.8　酒店大堂快题设计之草稿 / 刘玉凤（指导教师：接桂宝）

（2）素描表现

用钢笔（或绘图笔、黑色圆珠笔等）将平面图、立面图和透视图合理布局后，在所要求的图纸上绘制出来（如图 3.6.9 至图 3.6.11）。

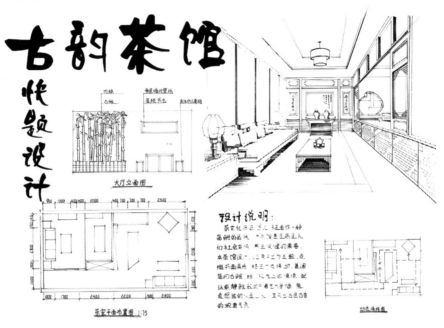

图 3.6.9　古韵茶馆快题设计之线稿 / 车聪聪（指导教师：接桂宝）

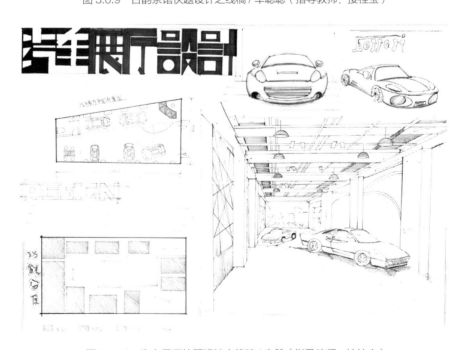

图 3.6.10　汽车展厅快题设计之线稿 / 南希（指导教师：接桂宝）

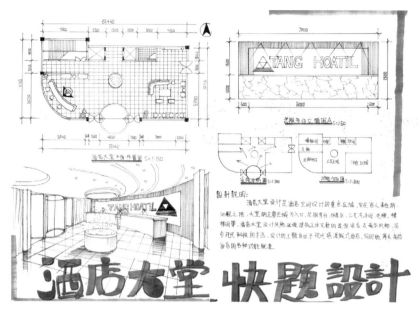

图 3.6.11　酒店大堂快题设计之线稿 / 刘玉凤（指导教师：接桂宝）

（3）色彩表现

　　用马克笔、彩铅或两种表现技巧相结合，表现图幅的物体关系（如平面图、立面图和透视图等），使图版完整展现，增强设计视觉效果。稳健的方案要求满足功能布局设计合理、图面表现清晰美观等（如图 3.6.12 至 3.6.14）。

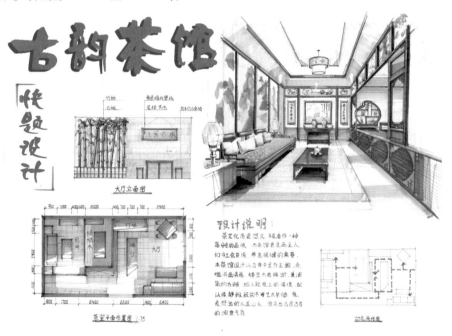

图 3.6.12　古韵茶馆快题设计之色稿 / 车聪聪（指导教师：接桂宝）

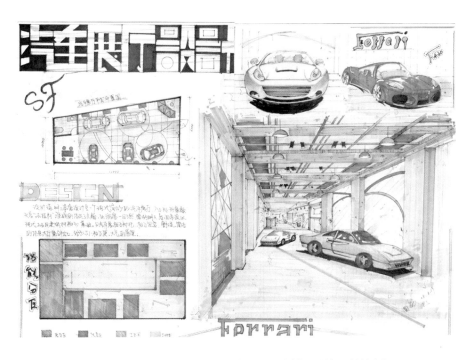

图 3.6.13　汽车展厅快题设计之色稿 / 南希（指导教师：接桂宝）

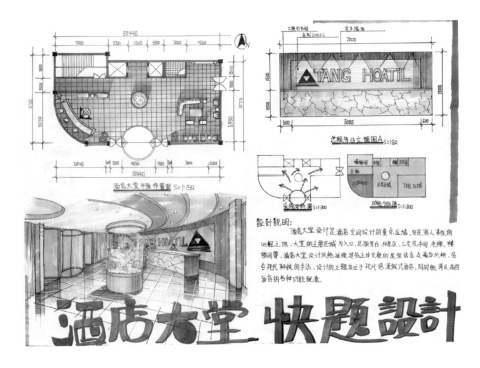

图 3.6.14　酒店大堂快题设计之色稿 / 刘玉凤（指导教师：接桂宝）

6.4 作品赏析与临摹

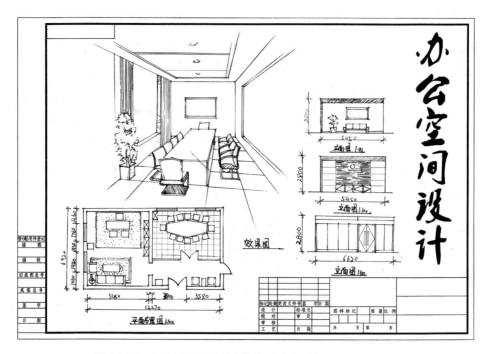

图 3.6.15 办公空间快题设计之线稿 / 杨伊朗（指导教师：接桂宝）

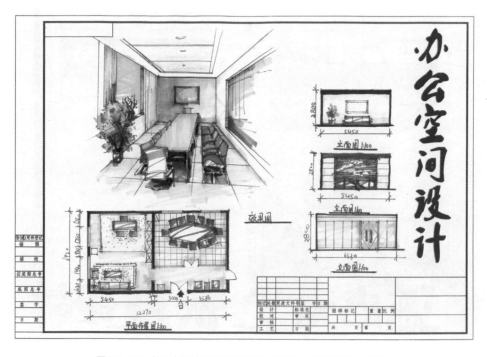

图 3.6.16 办公空间快题设计之色稿 / 杨伊朗（指导教师：接桂宝）

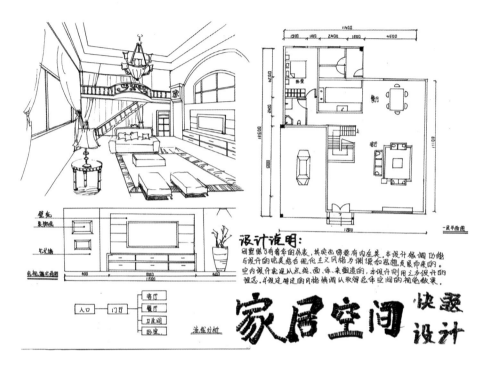

图 3.6.17 家居空间快题设计之线稿 / 张禹迪（指导教师：接桂宝）

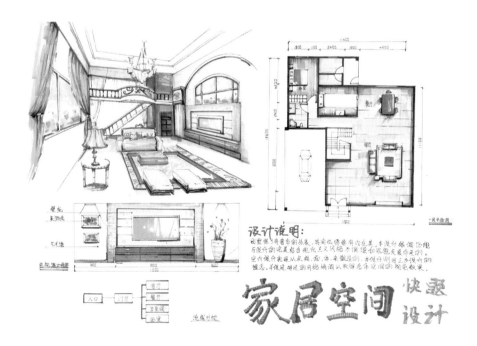

图 3.6.18 家居空间快题设计之色稿 / 张禹迪（指导教师：接桂宝）

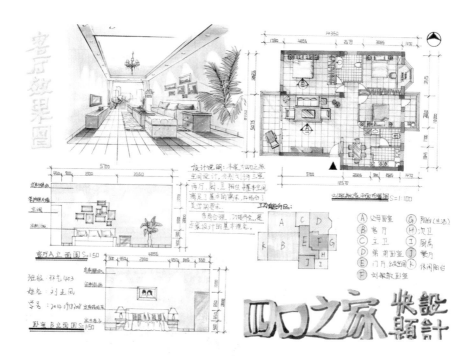

图 3.6.19　四口之家快题设计 / 刘玉凤（指导教师：王洋）

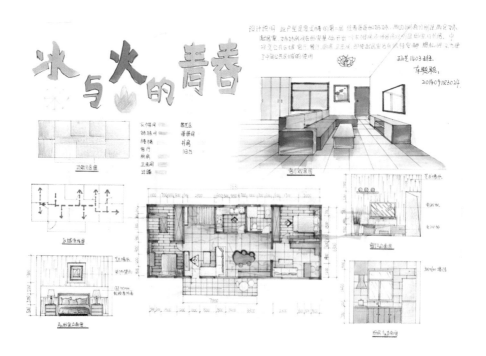

图 3.6.20　客厅快题设计 / 车聪聪（指导教师：王洋）

第四章
景观空间效果图表现

◎ 教学引导

◆教学重点◆

本章重点对配景表现、景观平面图表现、景观场景分析及表现方法、景观剖面图的表现技法、景观鸟瞰图、景观快题设计等技法进行讲解与分析，使学生充分掌握室外景观配景要素，了解景观单体及组合与整个空间的关系；掌握不同景观要素配景、造景的特征以及功能性；了解景观设计方案，重在以图纸的表现类型进行整体方案的规划设计分析与表达。

◆教学安排◆

总学时：62 学时；理论讲授：7.5 学时；课堂练习：54.5 学时。

◆作业任务◆

1. 根据每章中各项目考察的具体内容进行安排；

2. 根据每个项目中的课程具体实验学时与实训学时，进行选择训练练习。

项目一　配景表现

◎ 教学引导

◆教学重点◆

本项目着重对景观手绘过程中配景的具体手绘表现技法进行详细讲解。

第一部分先从单体植物讲解开始，过渡到植物组合的表现。植物类别由最简单的地被植物到灌木植物，再到最后的乔木植物。每一小节都从植物的特点、长势以及表现手法入手，附有详细的范例画法和临摹练习。本部分中的植物表现不拘一格，各种画法也均有收录，其目的是使学生掌握多种植物的绘制表现技巧，并做到熟练灵活运用。

第二部分从石头单体讲解开始，再讲石头组合场景表现。根据石头的特性进行分类，并进行针对性地讲解和范画指导。本部分力图使学生掌握景观手绘表现中各种石头的不同表现技巧，并为学生在今后的手绘表现中学会主体物表现和场景营造打下一定的基础。

第三部分讲解其他配景表现技法，其中包括人物、水景、廊架元素等。这些配景的表现能够在画面中起到画龙点睛的作用，通过学习，可以使学生提高表现画面的能力以及造景表现能力。

◆教学安排◆

总学时：6 学时；理论讲授：1 学时；范画演示：2 学时；分析讨论：1 学时；学生练习：2 学时。

◆作业任务◆

1. 完成植物组合场景色稿临摹一张；

2. 完成石头组合场景色稿临摹一张；

3. 完成综合配景表现色稿临摹一张。

1.1 植物表现技法

在进行手绘表现时，要注意结合植物的特性，例如形状、体量、颜色、林缘线、林冠线等；同时要结合手绘用笔的不同方式，进行画面的组织和构图。一般遵循绘画的基本原则是"近大远小，近实远虚"，即在画面中通过不同的手绘形式，体现空间感。

1.1.1 单体植物

（1）草坪的画法

先勾画围合区域，注意透视关系。根据植物的生长特性，边缘处体现草的厚度，注意草向四周翻转，在中间进行点缀，注意疏密关系和前后关系。草在手绘表现时，可以简单地概括为"左三撇，右三撇"。

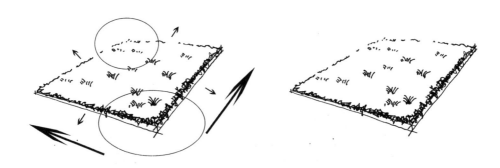

图 4.1.1 草坪 / 李军军

（2）草坡的画法

先画路沿，注意厚度和高度表现。笔触表现草的翻转，远处用小短线，近处用大短线，通过渐变加强透视。中间点缀草，使其更加生动形象。

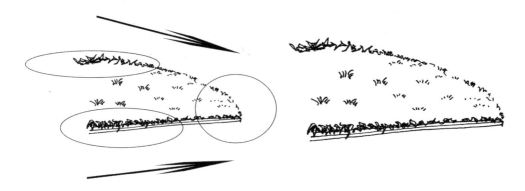

图 4.1.2 草坡 / 李军军

（3）单株草的画法

注意前后遮挡及左右的穿插关系，体现植物的前、后、左、右、上、下各方向的长势特点，并能够形成扇形的植物外轮廓。

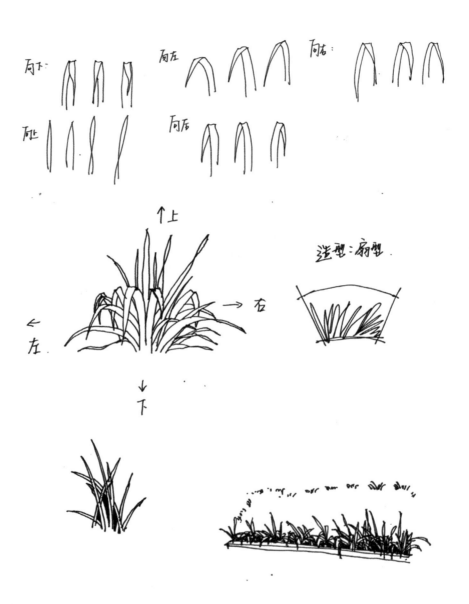

图 4.1.3　草的画法 / 李军军

（4）龙血树的画法

龙血树叶子的生长特点是最底下处于衰老期，中间处于茂盛期，最上面是新生的叶子，大致可分为三层进行手绘表现。叶子在表现时，要比草的宽度大一些，前大后小，要注意左右穿插、前后遮挡的关系。叶子之间空隙处利用重色衬托，以体现植物的空间层次。

图 4.1.4　龙血树 / 李军军

（5）龟背植物的画法

龟背植物的叶子分为前、后、左、右四个方向，叶脉底端向叶脉前端逐渐变窄，形成梯形外轮廓。叶子左右接近对称，可先画中间的对称线，然后根据"近长远短"的原则进行叶子的表现。注意左右穿插、前后遮挡关系。整株植物叶子的空隙处，采用重色衬托植物的空间层次。

图 4.1.5　龟背植物 / 李军军

（6）藤蔓植物的画法

重点刻画叶子的形状，呈"心"型。叶脉不能对称，要交叉画。注意叶子前、后、左、右穿插和遮挡关系的同时，要注意在叶子的大小上，上面的叶子要比下面的叶子画得大一些。在表现形式上，最上面的叶子画的最亮，中间上一点色调，最底下的叶子可以用线条画出阴影，体现体量的同时，也要表现光感。

图 4.1.6　绿萝的画法 / 李军军

（7）芭蕉的画法

单个叶片的形状像船桨，叶子大，有裂痕。在画裂痕的时候避免对称，要交叉表现。同草的画法一样，整株植物要根据叶子的长势，注意前、后、左、右的关系。叶子之间利用重色，进行区别，体现体量和空间。

图 4.1.7　芭蕉的画法 / 李军军

（8）低矮灌木的画法

　　首先要注意外轮廓，呈球形。根据球体的素描关系，分为亮部、明暗交界线、暗部、反光、投影五个部分。利用碎线画出外轮廓，利用排线加重明暗交界线，明暗关系分别从"亮—灰—暗—灰暗—暗—灰暗"依次过渡，体现灌木植物的量感。

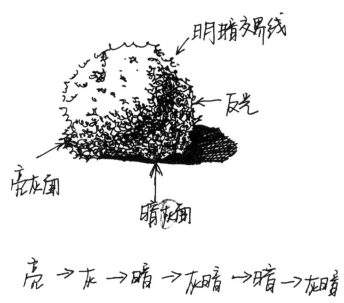

图 4.1.8　低矮灌木的画法 / 李军军

（9）灌木的画法

　　画出外轮廓，体现黑、白、灰关系。确定光源后，在明暗交界的地方，由重到轻，由暗到亮，体现植物的光感。投影的排线要整齐，碎线要向外翻转。

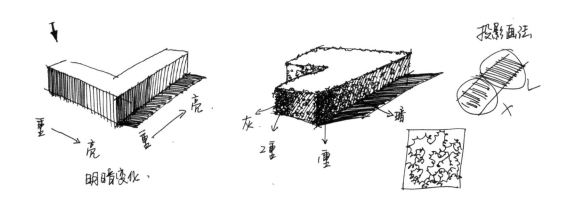

图 4.1.9　灌木的画法 / 李军军

（10）灌木丛的分步画法

步骤一：画出球体，安排好各球体之间关系。

图 4.1.10　灌木丛的画法　步骤一

步骤二：利用碎线沿球体画出外轮廓，并适当进行"空"与"实"的交替表现。

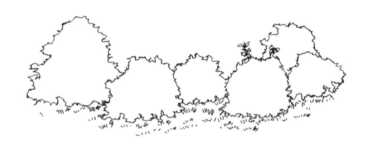

图 4.1.11　灌木丛的画法　步骤二

步骤三：利用碎线体现出明暗关系。

图 4.1.12　灌木丛的画法　步骤三

步骤四：进一步深化，利用重色衬托出整株植物，加强立体感。

图 4.1.13 灌木丛的画法 步骤四 / 李军军

（11）几种灌木的表现形式

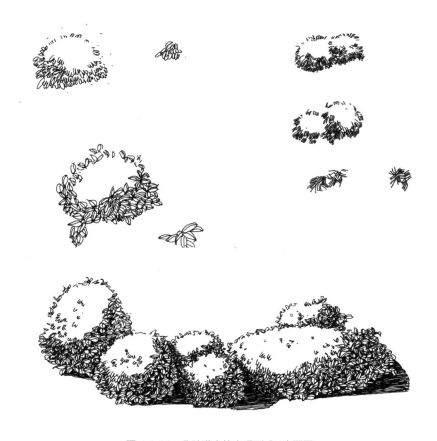

图 4.1.14 几种灌木的表现形式 / 李军军

（12）乔木的画法

a. 树干的画法

通过树枝前后的遮挡与穿插，体现树木的空间关系和体量感。树枝从主干到侧枝，越来越细，越来越短。树枝的边缘线形状要符合植物的特性，形状呈球形。

图 4.1.15 乔木树干的表现形式 / 李军军

b. 乔木观看视角分析

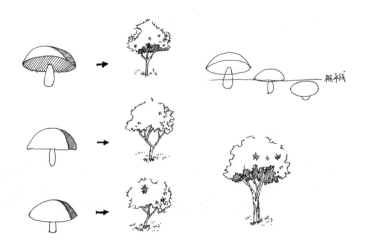

图 4.1.16 乔木观看视角分析 / 李军军

c. 单株乔木画法

在画好树干的基础上，利用碎线在树干的上部勾画圆形外轮廓，根据视角安排外轮廓和底面的大小。中间适当添加阴影部分，暗部地方用排线填充，体现乔木的内部穿插和体量。

图 4.1.17　单株乔木画法 / 李军军

d. 单株乔木分组画法

在画好树干的基础上，将树干上部的树冠，采取分组的形式安排画面，即暗中有亮，亮中有暗，体现出乔木的层次。

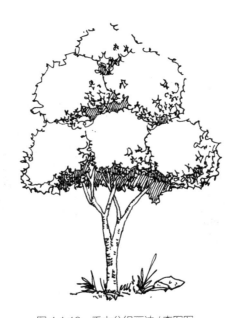

图 4.1.18　乔木分组画法 / 李军军

（13）松树的画法

利用短直线，根据不同种类松树的外形特征，通过不同方向排线，勾画外轮廓。注意，利用短直线勾画外轮廓时，要向四周翻转，体现松树的生长特性。内部根据光源，采用密集的短直线交代明暗，加强光感。

图 4.1.19　不同松树的画法 / 李军军

（14）椰子树的画法

椰子树的叶子边缘呈针状，外轮廓从根部到顶端逐渐变窄。在手绘时，边缘针状方向都指向叶子顶端。对于整棵植物，要注意叶子前、后、左、右关系的处理，树干在叶子的分叉点画出。

图 4.1.20　椰子树的画法 / 李军军

（15）柳树的画法

柳树的枝叶随风摆动，叶子都向下低垂。在手绘时，要统一整棵柳树的动态。除此之外，还要将树冠进行分组构图，形成错落的层次感。树干不宜过长，分支不宜过少。在树干上，可以适当添加树的花纹，表现其肌理效果。枝叶之间填充重色，增加层次感。

图 4.1.21 柳树的画法 / 李军军

（16）竹子的画法

通过细长短小的叶子围合外轮廓，形成树冠部分。树冠的形状和高低位置要分组排列，形成一定的错落关系，体现植物的层次感。树干部分不要画得太粗，注意之间留空隙，并适当添加枝叶。在树干空隙处增加重色，表现植物的前后关系。

图 4.1.22 竹子的画法 / 李军军

1.1.2 植物组合表现

a. 植物组合表现时，首先根据地被植物、灌木、乔木植物的特点，由低到高、由前向后依次排列，并适当处理前后的遮挡关系。植物间通过不同的线条表现，进行有区分的塑造。主要植物详细刻画，次要植物简单概括。

图 4.1.23　植物组合　表现一 / 李军军

b. 植物组合马克笔上色时，注意区分各植物间的颜色。主要植物可以选取相对鲜艳的颜色，笔触可以尽量丰富。画面适当有取舍地进行马克笔上色，体现出细致刻画和概括处理的效果。

图 4.1.24　植物组合　马克笔上色一 / 李军军

c. 前面的植物可以刻画得详细一些，做到"前实后虚"，可以用重色体现空间层次。画面中后面植物的长出位置，可根据画面进行添加，遵循"虚—空—虚"的节奏进行安排。也可适当考虑林缘线形成的形状，做到起伏得当，错落有致。

图 4.1.25　植物组合　表现二 / 李军军

d. 前后植物之间在色彩上要有所区别，或用黄绿结合，或用浅绿深绿结合。概括的植物在上色时，可用大面积的淡色系进行上色，只需要将明暗分出即可。

图 4.1.26　植物组合　马克笔上色二 / 李军军

e. 植物组合马克笔表现如下：

前后植物之间的空间关系要搭配得当，色彩上要有所区别。在植物的色彩表现上，主色调不宜超过三种颜色，可以用马克笔叠加丰富表现。

图 4.1.27　植物组合线稿 / 李军军

图 4.1.28　植物组合色稿 / 李军军

1.2 石头表现技法

石头重在体积、结构与明暗关系表现，在固有色基础上进行简单色调区分，即可突出个体特征。

（1）青石

石头的表现要求形体正确，可用三个面来表现，保证石头的体量感。先画外轮廓，可归纳成长方体，再进行边缘处理，体现石头的裂痕。暗部用排线表现阴影，投影可归纳成一定的形状，排线要整齐密集，营造光感。

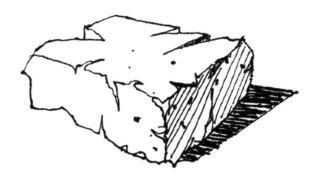

图 4.1.29 单体青石 / 薛佳璐（指导教师：李军军）

组合青石的表现要求，注意遮挡关系和投影的形状，石头外形可以尽量有所变化。

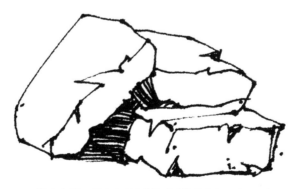

图 4.1.30 组合青石 / 薛佳璐（指导教师：李军军）

青石组合在画线稿时，各个物体间的外形要有所区别，同时要注意放置的位置和前后关系。可适当在石与石之间添加植物，既能补充画面，又起到点缀作用，不至于使画面显得呆板。

图 4.1.31　组合青石线稿表现 / 李军军

　　上色时，注意不同植物间的区分。石头的前后明暗关系要明确，前面可重点刻画，后面概括表现，体现"近实远虚"。

图 4.1.32　组合青石色稿表现 / 李军军

（2）鹅卵石

鹅卵石在表现时，不能将整个外形画出。因鹅卵石体量小，一般呈组合形式出现。在画面上体现时，只有前面的外形全部画出，后面的只画出部分即可。前面的刻画详细，并有明暗处理，越到后面越概括。

图 4.1.33　鹅卵石线稿表现／薛佳璐（指导教师：李军军）

上色时，可重点对前面的内容进行详细刻画，交代清楚明暗关系。后面的内容可用淡一点的颜色进行概括表现，做到有所取舍。

图 4.1.34　鹅卵石色稿表现／李军军

（3）太湖石

因太湖石的外形是观赏的重点，所以在手绘时，可以对外形进行适当的夸张表现。中间适当留出空洞，并交代明暗关系。

图 4.1.35　太湖石线稿表现／薛佳璐（指导教师：李军军）

暗部冷色，亮部暖色，加强对比。顶端留白，阴影的部分加重一下，体现体量感。

图 4.1.36　太湖石色稿表现／李军军

表现太湖石的组合时，注意各个物体间的形状变化。空间位置上分前、中、后，纵向上可分为高、中、低，加强画面的空间感。太湖石与别的石头不一样，外轮廓尽量圆润，不要太尖锐。

图 4.1.37 太湖石组合线稿表现 / 薛佳璐（指导教师：李军军）

为太湖石上色时，尽量保持色调统一，暗部点缀处理，注意亮部留白。色彩注重质感的表现，可适度增加环境色。

图 4.1.38 太湖石组合色稿表现 / 李军军

（4）山石

山石体量较大，整体连续不断。外轮廓不要画得太圆润，要有起伏变化。注意底部画出厚度，用阴影体现。

图 4.1.39　山石线稿表现 / 薛佳璐（指导教师：李军军）

（5）石头组合场景

图 4.1.40　石头组合场景一 / 薛佳璐（指导教师：李军军）

图 4.1.41　石头组合场景二 / 薛佳璐（指导教师：李军军）

1.3　其他配景手绘表现

1.3.1　人物的画法

　　人物在纸张上的比例，以头部为单位，遵循"站七坐五盘三"的规律，即人在站立时，身体大约是七个头的比例；坐的时候，占五个头的比例；蹲的时候，占三个头的比例。

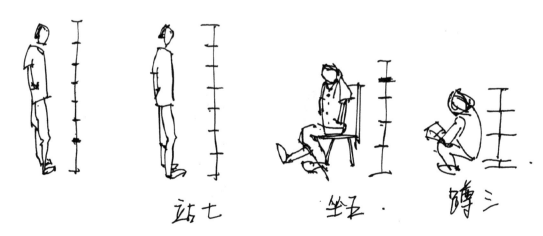

图 4.1.42　人物比例图解 / 李军军

但在具体场景中，特别是为了体现人物的挺拔，故意将头部画小，而将身体画得更为修长。

图 4.1.43 人物表现 / 李军军

人物的画法，更多的是抓住体态特征，也可进行简单概括，例如，可概括成两个梯形。男性，可表现为上部分上窄下宽和下部分上宽下窄的两个梯形。女性则相反。

图 4.1.44 人物概括表现一 / 李军军

当然，为了将人物表现得更加生动和有活力，可以将梯形外轮廓画得更加圆润。

下面是几种较为常见的人物概括画法：

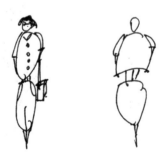

图 4.1.45 人物概括表现二 / 李军军

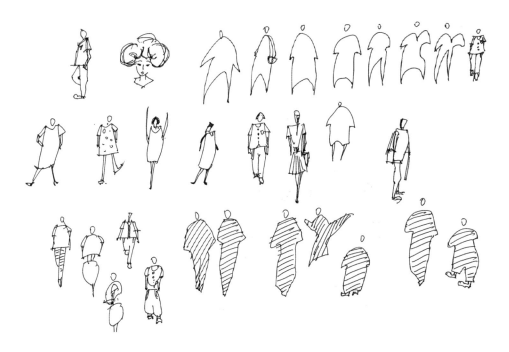

图 4.1.46　人物概括表现三 / 李军军

1.3.2　汽车的画法

将汽车外形概括成两个长方体，然后根据视角角度进行变形。

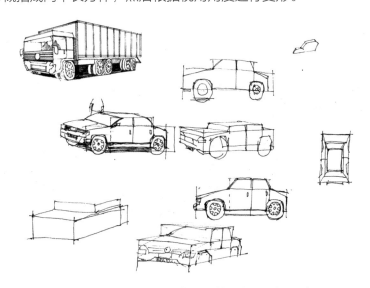

图 4.1.47　汽车表现 / 薛佳璐（指导教师：李军军）

1.3.3 廊架的表现

廊架在景观场景表现中，有着重要作用，常常成为画面的主体物。在构图时，首先考虑各物体间的位置穿插和遮挡关系，能够清楚交代场景。其次，强调纵深感和透视关系，一般结合景观场景进行表现。

图 4.1.48　廊架表现一 / 薛佳璐（指导教师：李军军）

图 4.1.49　廊架表现二 / 薛佳璐（指导教师：李军军）

1.3.4　水景的表现

可利用小短线画出水的波纹，在接近石头或者植物的地方加重。流水可用针管笔在画面中由上往下快速扫笔。

图 4.1.50　水景表现线稿 / 李军军

上色时，用天蓝色处理水体的固有颜色，可留白作为高光，展示出水花四溅的感觉。要整体概括来画，不要画的过碎、过散。

图 4.1.51　水景表现色稿 / 李军军

1.3.5　玻璃的表现

玻璃在上色时，用淡一点的颜色，先进行基础色上色。适当用环境色，借助尺子斜扫，体现玻璃的反光感觉，也可直接留白或者用白色勾画高光。在玻璃的边缘部分画一点重色，体现体量和厚度。

图 4.1.52　玻璃表现／吴巧凤（指导教师：李军军）

1.3.6　廊架和水景的组合表现

注意构图的完整性，以体现场景为主。在安排好构图的基础上，画出透视，增加空间延伸感。

图 4.1.53　廊架水景组合线稿／吴巧凤（指导教师：李军军）

　　用色需区分各个物体材质，可通过颜色和用笔的不同进行区分。例如，在给玻璃上色时，可预先留白体现高光，也可利用白色提高光。木板在上色时，要注意细节的体现。例如木板的花纹，可用马克笔在上完基本色调后，用彩铅淡淡地勾画花纹。

图 4.1.54　廊架水景组合色稿 / 吴巧凤（指导教师：李军军）

项目二　景观平面图表现

◎ 教学引导

◆教学重点◆

平面图的表现是景观绘画设计方案表现的基础，通过平面图的绘制，可以推敲方案的平面尺度和空间构成。本次教学的重点内容就是把平面图当中设计的重点要素以及绘制步骤进行一一分解，使得学生对平面图绘制有一个系统整体的认识。学生通过对平面单体的学习以及对局部场景的绘制练习，能够掌握景观总平面图的绘画手法和表现方式，学会平面手绘表现中对线条、色彩以及光影的运用。

◆教学安排◆

总学时：4 学时；理论教授：1 学时；学生手绘练习：2.5 学时；作业点评：0.5 学时。

◆作业任务◆

1. 完成平面植物、水体等单体的临摹 A4 纸一张；

2. 根据景观设计方案 CAD 平面图，截取其中的部分场景，完成线稿小场景 A3 纸一张；

3. 完成小场景彩色平面图上色完整稿一张。

◆◆◆ ◆◆◆

2.1　单体平面画法

日常景观设计方案中所绘制的总平面图是由各个单体组合而成，所以在景观总平面图的表现中，不同的景观构筑也有着自己独特的表达形式，无论是植物、水体、建筑还是景石，我们所描绘的都是其顶视效果，即平面图。

2.1.1 植物

（1）景观植物包括乔木、灌木、攀缘植物、竹类、花卉、绿篱和草地，共七大类。在绘制乔木图例时，一般用圆圈表示树冠的大小，中心圆圈表示树干的位置以及粗细（如图4.2.1）。

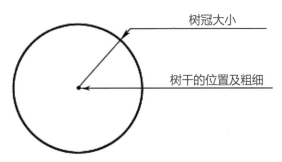

图 4.2.1 单体植物示例

（2）相邻树木的画法：当表示几株相连的相同树木的平面时，应互相避让，使图形成整体，树木相重叠时不要覆盖住树木的中心点（如图4.2.2）。

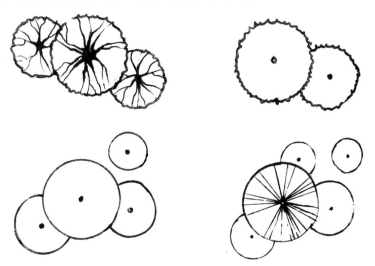

图 4.2.2 相邻树木的表达

（3）大片树木的画法：当表示成林树木的平面时，可只勾勒林缘线（如图4.2.3）。

（4）灌木没有明显的主干，成丛生长，所以平面形状曲直多变。灌木的平面表示方法，通常修剪的规整灌木可用斜线或弧线交叉表示，自然式的绿篱和花灌木丛常用冠的外缘线表示。

（5）草坪地被的表现可用圆点、线点表现（如图4.2.4）。在建筑的外缘或树冠附近可加密些，似作衬影，中间部分可疏些，但打点的大小应基本一致，无论疏密，点都要打得相对均匀（如图4.2.5、4.2.6）。

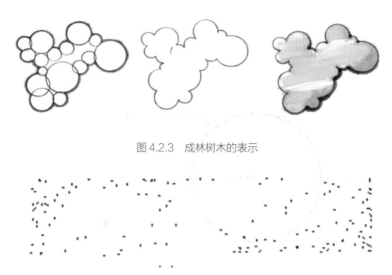

图 4.2.3　成林树木的表示

图 4.2.4　草坪表现 1

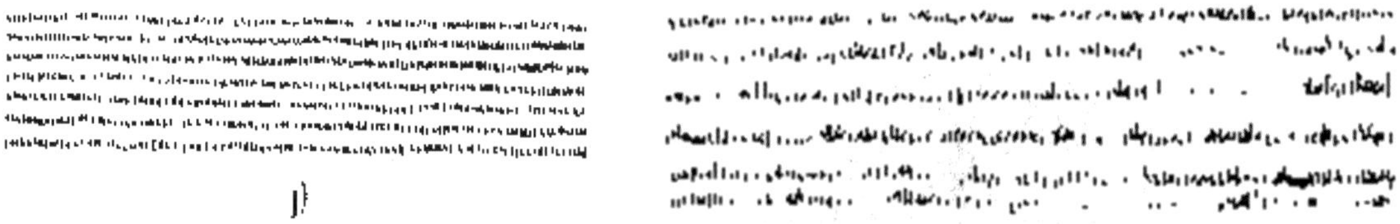

图 4.2.5　草坪表现 2/ 张雅男（指导教师：张晓敏）

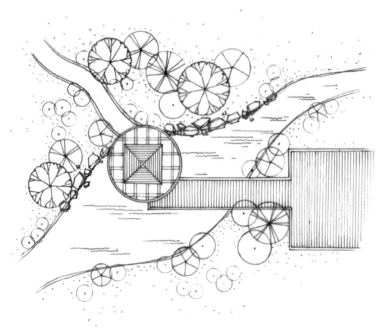

图 4.2.6　草地在场景中的表现 / 张雅男（指导教师：张晓敏）

2.1.2 水体

在平面设计中，水体是经常遇到的一个设计单项，小到喷泉、水池、游泳池，大到湖泊、河流及海洋，都需要我们在平面图上对水体进行一定的表达（如图 4.2.7）。

（1）直线表达法：采用平行线段排列，可以局部留白。

（2）波纹线表达法：采用水波纹线表现水面，可以只画局部来表达。

（3）等深线表达法：对于园林湖泊多用的此种表达方式，依照水岸走势以此绘制两到三条等深线。

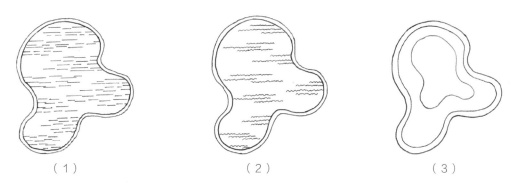

（1）　　　　　　　　　　　（2）　　　　　　　　　　　（3）

图 4.2.7　水体表现形式 / 傅莹（指导教师：张晓敏）

2.1.3 景石

在景观平面图当中，对于石块我们通常简单表达，只用粗线勾勒出大体的轮廓，为了增强石块的体积感，再用细线勾绘内部纹理。绘制景石时，要注意石材的特点，用线硬朗，注意投影的大小，上色需区分好明暗变化（如图 4.2.8）。

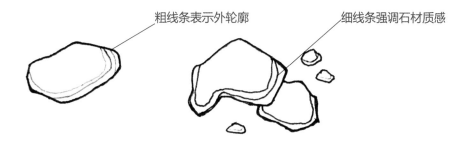

粗线条表示外轮廓　　　　　　　细线条强调石材质感

图 4.2.8　景石表现 / 张晓敏

2.1.4 铺装

对于园路按照其铺装形式绘制，根据其使用的不同材质以及铺设方法进行相应的图纸表达。

要特别注意，在进行园路绘制时，铺装也要随着弯曲的园路有所变化（如图 4.2.9）。

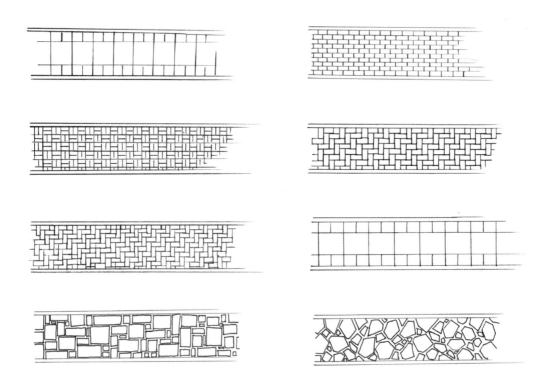

图 4.2.9　常见铺装表现 / 张雅男（指导教师：张晓敏）

2.2　节点平面画法

景观彩色平面图的基本内容包括建筑物、构筑物、植物配置，以及具备功能性和观赏性的景观小品配置。景观彩色平面是对景观平面的深度设计和表现，因此它一定要从属于景观设计本身，要为设计服务。

2.2.1　平面图线稿绘制

步骤一：绘制节点平面图时，需要注意线稿的绘制，在所做的 AutoCAD 打印稿的基础上，确定好道路的走向位置以及植物的种植区域及分布，注意植物在空间中的尺寸大小（如图 4.2.10）。

步骤二：添加平面细节处理，对于植物进行细化，以此区分不同的植物品种所要组合营造的不同景观效果；细化铺装，不同的功能分区有不同的铺装形式，这就需要我们在平面图中对景观节点的铺装形式进行绘制表达（如图 4.2.11）。

步骤三：完成景观主体的绘制后，对草地进行细化，以此增加平面图中草地的质感；绘制阴影，强调整体图面的立体感（如图 4.2.12）。

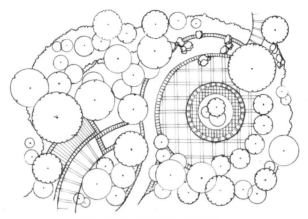

图 4.2.10　线稿平面　步骤图一

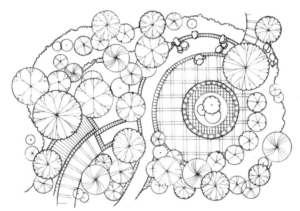

图 4.2.11　线稿平面　步骤图二

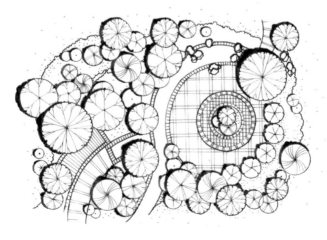

图 4.2.12　线稿平面　步骤图三 / 张雅男（指导教师：张晓敏）

2.2.2 景观彩色平面图

（1）方法与步骤

范例一

步骤一：完成线稿的绘制，在 AutoCAD 打印稿的基础上起稿、定稿（如图 4.2.13）。

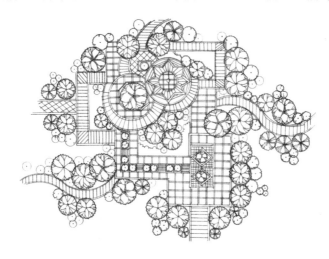

图 4.2.13 线稿 / 傅莹（指导教师：张晓敏）

步骤二：基本色调确定，在平面图中铺设好（如图 4.2.14）。植物根据选定的不同品种的树种来上色，一定要注意区分常绿植物和色叶植物。对于草地的表现采用平铺的手法，平铺排笔的笔触也是草坪表现的常用手法。对于铺装的上色来讲，也多采用平铺表现，只是注意变化笔触方向和叠色的使用，对亮部也可做留白处理。

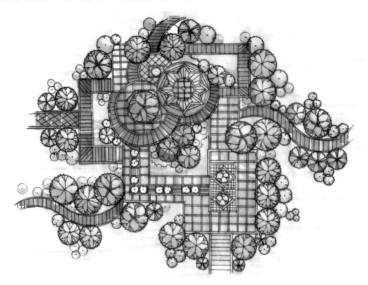

图 4.2.14 平面上色 步骤一

步骤三：完成画面整体的协调处理，特别是要把控好明暗对比，进一步加强暗面的处理，添加阴影，增强画面的光影效果（如图 4.2.15）。

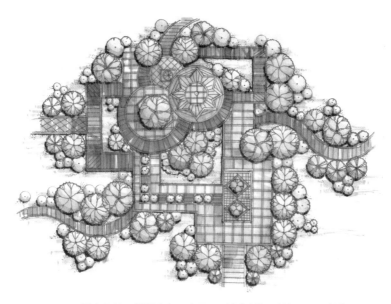

图 4.2.15 平面上色 步骤二/傅莹（指导教师：张晓敏）

范例二

步骤一：在 AutoCAD 打印稿的基础上完成平面的设计内容（如图 4.2.16）。

图 4.2.16 线稿/傅莹（指导教师：张晓敏）

步骤二：从整体平面的重点区域着手，逐渐展开。大面积铺色，铺装表现时用色不宜过多，对于植物做好点景树和背景树的区分（如图 4.2.17）。

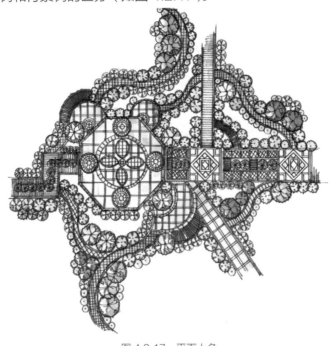

图 4.2.17　平面上色一

步骤三：注意对景观细节的刻画，表现出木台、草地、铺装等质感，注意对明暗的处理（如图 4.2.18）。

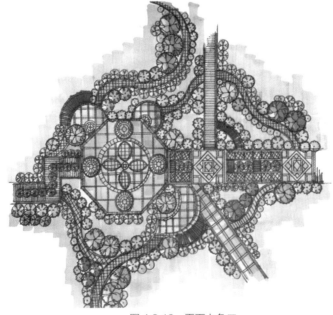

图 4.2.18　平面上色二

步骤四：完善细节，控制好图面的大关系，着重刻画物体暗部，加强对比，塑造阴影（如图 4.2.19）。

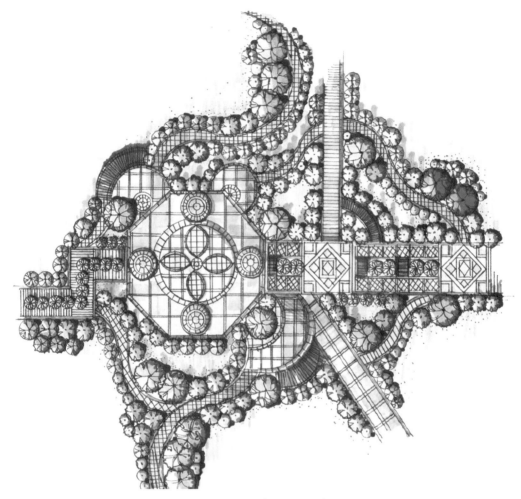

图 4.2.19 平面上色三 / 傅莹（指导教师：张晓敏）

（2）教学指导

a. 对于平面线稿的处理，一定要加强重视，不要在线稿的绘制没有完成时就急于上色，完善的平面线稿是一幅好的彩色平面图的基础。

b. 在用马克笔上色的时候，特别注意下笔要准，用笔要快，尽量不要复笔。同时要注意用笔的走向，随着用笔走向的变化也可表现出景观材质和画面的层次。

c. 注意图面表现主次，区分层次。在植物的绘制中，点景树可以绘制的细致些，对于背景树和行道树则简单表现就好。

（3）习作点评：马克笔彩色平面作业

图 4.2.20 为学生设计的工业园区花园平面，该图面设计中，注意到景观的串联性，有一定的平面构图创意，图面敢于使用明亮色彩表现。不足之处是，在表达效果上线稿的粗细没有区分，过多采用复笔，画面显得琐碎而焦躁。对于植物的表现方式没有掌握，上色仍处于平涂阶段。

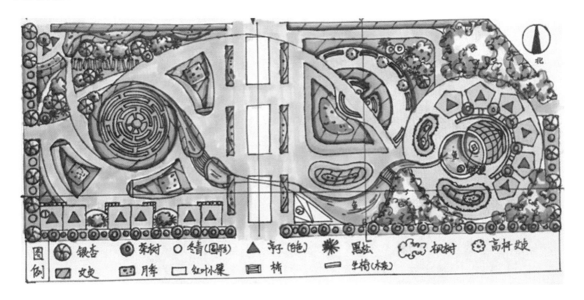

图 4.2.20　学生作业 / 张雅男（指导教师：张晓敏）

项目三　景观场景分析及表现方法

◎ 教学引导

◆教学重点◆

本项目着重对景观手绘中的构图、透视、形体表现、光线表现、色彩搭配技法表现进行详细讲解。

第一部分以实景图片的临摹作品进行点评和讲解，分析构图的方式和方法。目的在于使学生不拘于图片原稿，提高自己的构图能力、空间透视构架能力和审美能力。

第二部分为景观场景形体表现方法，重在强调场景构成的主体物与次要物的比例关系及透视规律。

第三部分为景观场景光线表现方法讲解，介绍了画面中光感塑造的手法表现，以提高学生画面塑造的能力。

第四部分介绍景观场景色彩搭配方法。从近、中、远景的不同塑造入手，在用笔用色上进行详细讲解。目的在于提高学生塑造不同位置、不同植物的技巧，增强画面的空间感。

第五部分介绍景观场景临摹方法。通过实际临摹作品举例、点评和讲解，深入分析场景表现的注意事项。目的是使学生养成良好的临摹习惯，打下坚实的手绘基础，提高手绘能力。

◆教学安排◆

总学时：10 学时；理论讲授：2 学时；学生练习：8 学时。

◆作业任务◆

1. 完成公园水景表现线稿临摹 A4 纸一张；

2. 拓展练习，完成度假村场景临摹 A4 纸一张。

3.1　景观场景表现构图方法

在进行场景表现时，先要分析其在画面中的构图。一张好的构图，不仅能够使画面在视觉上感觉舒服，更重要的是能够清晰地交代场景。一般情况下，主体物应在画面中间偏左或者偏右一点的位置。这样的构图，能够避免画面的呆板，调动人们观看的兴趣。尽量不要采用绝对对称的构图。

景观场景都比较大，在安排物体的位置时，还要考虑近、中、远景的植物搭配，这样才能营造空间感。如果有人物在画面中出现时，注意人的视角线位置。画面中所有的物体，都以人物的尺寸进行对比刻画。

在整体的画面刻画时，不需要面面俱到，可采取"虚—实—虚"有节奏的变化。在构图时，考虑主要刻画的物体可放在"实"的位置，而次要刻画的物体可放在"虚"的位置，这样画面看起来才会生动且有所变化。

图4.3.1　公园景观表现/薛佳璐（指导教师：李军军）

3.1.1　场景图片分析

图 4.3.2　电影院效果图

原图分析：

图 4.3.2 为某电影院成角透视效果图，图中的元素包括建筑、植物和人物表现。注意表现要点为：倾斜的成角透视把握，整个色系的控制，配景的灵活表现。

手绘效果图临摹：

图 4.3.3　电影院效果图 / 周凡超（指导教师：侯双庆）

点评：

本手绘效果图（图 4.3.3）表现较为严谨，但建筑透视稍有不准。建筑各元素表现到位，配景植物表现层次感较好，人物表现尚可。草坪处理得不好，色彩简单且偏差大。

3.1.2 场景透视线稿临摹

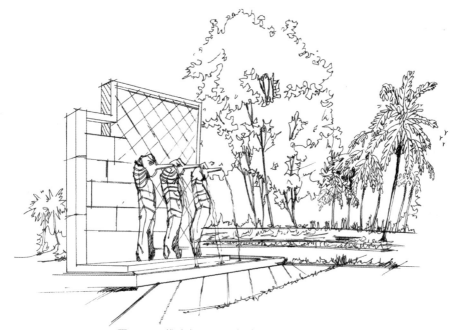

图 4.3.4 线稿表现 / 周凡超（指导教师：侯双庆）

图 4.3.5 马克笔表现 / 周凡超（指导教师：侯双庆）

透视线稿临摹要点：

1.从物体亮部及灰部开始画起（固有色、浅色系、灰色系）。图4.3.4中，线稿绘制先从建筑、铺设等硬景观开始画起，亮部要注意留白，用笔要有整体性，用最少的笔触塑造出形体。建立素描关系，把画面的层次关系建立起来。

2.图4.3.5中，上色先用固有色进一步塑造，画出物体的灰面及暗面，越是受光部分，物体的颜色越饱和。选择物体的固有色，由灰面开始用笔。用笔要大胆、果断、不可过碎并注意用笔的方向。物体的暗部可以直接"压"灰色，并可选择更深的色彩来塑造，但饱和程度要弱于固有色（灰色）位置。同时要注意留白，保留第一遍的颜色，使画面的层次更丰富。

图4.3.6　彩铅表现／周凡超（指导教师：侯双庆）

学生作品点评：

此幅作品（如图4.3.6）构图较为饱满，空间透视准确，但需注意物体细节的刻画，通过色彩与笔触的细节处理，可更好地突出画面的视觉冲击力，使画面层次更加丰富。

（1）物体的细节刻画，可以通过高光处与转折处的处理进行体现。

（2）物体局部的笔触方向可以根据物体结构进行选择性的变化，以此增强画面的层次感。

（3）物体的材质及材料属性可通过物体的反光及色调偏向进行体现，如金属、石材、玻璃等。

图 4.3.7　小广场线稿表现 / 周凡超（指导教师：侯双庆）

图 4.3.8　小广场色稿表现 / 周凡超（指导教师：侯双庆）

3.1.3　场景淡彩绘制

淡彩绘制即"淡彩线描"或"单彩素描"，可作为初学者的起步训练方法。该方法易于掌握，技法浅显易学。淡彩绘制作品，如图 4.3.7、图 4.3.8。

淡彩绘制的方法与步骤：

（1）淡彩线稿绘制。线稿为 A3 大小。线稿完成后，复印一至两份，复印纸规格在 80g 以上。

（2）彩色铅笔铺底。马克笔从中心点入手，集中表现画面主题，再向周围逐步展开。淡彩技法要求不高，是初学者易掌握的一种方法。

（3）单彩填色。注重画面的主题表现，用笔精练、手法简洁、主题明确。

图 4.3.9　公园场景线稿表现 / 周凡超（指导教师：侯双庆）

图 4.3.10　公园场景色稿表现 / 周凡超（指导教师：侯双庆）

图 4.3.11 广场景观线稿表现 / 周凡超（指导教师：侯双庆）

图 4.3.12 广场景观色稿表现 / 周凡超（指导教师：侯双庆）

3.1.4 场景线稿快速表现

面对物体时，要抓住瞬间感受，把自己对事物的印象快速、概括地表达在画面上。快写要求画面更概括，形态更简练，但表现却更生动，不拘泥于细节的刻画，用寥寥数笔即表现出设计意图。快写要抓住事物最主要、最本质的形态及特征，是在景观项目设计中最常用、也是运用最广泛的表现手法（如图 4.3.13、图 4.3.14）。

快速表现方法与步骤：

（1）快写的画幅不宜过大，通常控制在 A3 规格以内。快写线稿完成后，复印一至两份，复印纸规格在 80g 以上。

（2）用笔时要注意轻重缓急和主次虚实关系。

（3）快写时用色要准确，选取物体的固有色起笔，同时注意物体表面的质感表现和光影表现。

图 4.3.13　别墅景观线稿表现一 / 韩达（指导教师：侯双庆）

图 4.3.14　别墅景观色稿表现一 / 韩达（指导教师：侯双庆）

学生作品点评：

该方案（如图 4.3.15、图 4.3.16）需完善与提升之处：

（1）整体调整画面，使物体在变化中统一。

（2）提白（通常在上彩铅之前完成）。一般在受光最多的地方、光滑材质的纹路、物体的转折、光滑物体的反光、树枝枝干等处需要提白。

（3）加入彩铅（宁缺毋滥）。一般用于灯光处、色彩的过渡处、材质的过渡处、材质的细节处（如石材纹理）等。

图 4.3.15　别墅景观线稿表现二 / 韩达（指导教师：侯双庆）

图 4.3.16　别墅景观色稿表现二 / 韩达（指导教师：侯双庆）

3.1.5 场景线稿慢写表现

线稿慢写可称为手绘技法表现的"长期作业"，即指作画时间相对较长，须对事物有步骤、有层次地逐步加以表现和刻画。慢写的总体特点是：表现更具深度，色彩更加丰富，刻画更加细腻（如图 4.3.17）。

慢写方法与步骤：

（1）线稿要有足够的表现深度。

（2）着色先从有把握的物体入手，由浅入深，步步求稳，逐渐展开。

（3）慢写的作画时间充裕，因此对细节也应有充分的考虑，可借助多种工具和技法加以表现。比如用水彩画大面积的天空，使用留白剂对画面需留白的细节进行留白。画面整体要求色彩丰富、色泽丰润、刻画细腻。

（4）慢写的训练方法使初学者有充分的时间去体味一些基础表现技巧，有助于初学者对技法的理解和掌握，提高学生对画面整体效果的把握和控制能力。其难点在于对画面深度表现过程中，要具有一定的综合表现力和控制能力。

图 4.3.17 居住区景观线稿表现 / 韩达（指导教师：侯双庆）

3.1.6 场景线稿重彩训练

重彩即"浓墨重彩"，需要有一定深度的线描底稿作为基础，同时须有较好的绘画功底作为前提条件，是对手绘技法的深度学习和研究，以下图 4.3.18、4.3.19、4.3.20 是示范图。

重彩方法与步骤：

（1）重彩线稿绘制。重彩线稿为 A3 大小，一定要有足够的表现深度。线稿完成后，复印一至两份，复印纸规格在 80g 以上。

（2）彩色铅笔铺底。马克笔由浅处着笔，从整体到局部逐渐加深。作画时间相应较长，必须心静勿躁。其难点在于，如果对画面深度表现缺乏控制能力，笔法不稳，将前功尽弃。

图 4.3.18 居住区景观色稿表现 / 韩达（指导教师：侯双庆）

图 4.3.19 庭院景观线稿表现 / 韩达（指导教师：侯双庆）

图 4.3.20 庭院景观色稿表现 / 韩达（指导教师：侯双庆）

3.2 景观场景形体表现方法

在体量上，主体物应尽量大，且刻画详细；次要物体可根据整个画面的需要，遵循"虚实"结合的手法，在不超过主体物尺寸的情况下，"近大远小，近实远虚"（如图 4.3.21、图 4.3.22）。

图 4.3.21 别墅景观表现 / 薛佳璐（指导教师：李军军）

图 4.3.22　公园水景表现 / 董鑫（指导教师：李军军）

3.3　景观场景光线表现方法

景观手绘中，要统一场景中的光线。确定光源后，所有的物体都要按照光照方向交代明暗关系，使投影的方向保持一致。在刻画上，靠近光的位置可以适当留白，而暗部则需要加重表现，体现光感（如图 4.3.23）。

图 4.3.23　公园景观表现 / 董鑫（指导教师：李军军）

3.4　景观场景色彩搭配方法

利用场景中不同物体的特性，进行基础色的区分。例如，木板多采用棕色色系，石板用灰色色系，植物采用绿色色系进行表现。具体到植物间的颜色搭配时，可适当考虑绿配黄、浅绿配深绿、绿配红等手法，使植物间的区别更明显一些。

在近、中、远景的颜色搭配上，近处的物体多采用鲜艳一点颜色，而远处的物体多采用灰一点的颜色，这样能够拉开颜色距离，营造空间感。在主体物和次要物的用色上，同样是主体物颜色更丰富一些，次要物颜色尽量保证不超过三种颜色。这样在塑造上，也会显得详略得当，主次清晰（如图4.3.24、图4.3.25）。

图4.3.24　公园水景色稿表现 / 董鑫（指导教师：李军军）

图4.3.25　别墅景观色稿表现 / 薛佳璐（指导教师：李军军）

3.5　景观场景临摹方法

在进行景观场景临摹时，首先分析画面的构图是否舒服。其次，主体物的表现要完整，配景能够交代清楚空间环境。另外，在场景的表现中，也不是需要全部刻画，而要根据自己的构图有所取舍。

作品点评：

图 4.3.26　公园场景

图 4.3.27　公园景观表现 / 董鑫

公园景观这幅作品（如图 4.3.27），不管是线稿还是色稿，都可以看出作者具有很强的手绘能力。其缺点是，面面俱到，反而使画面的内容缺乏生动性。建议提取画面中着重要刻画的对象，并采取详略得当的处理手法。

图 4.3.28　广场场景

图 4.3.29　广场场景色稿 / 吴巧凤

广场场景这幅作品（如图 4.3.29），作者在根据实际图片临摹时，有所重点地进行了取舍。特别是植物的颜色区分明显，画面清晰。但是在透视上存在问题，右下角部分明显与原图差距甚远。不过画面中乔木的线稿概括以及色彩笔触的表现，还是值得学习的。

图 4.3.30　度假村场景

图 4.3.31　度假村场景色稿 / 吴巧凤（指导教师：李军军）

度假村场景这幅作品（如图 4.3.31）中，场景较大，植物较多。作者在画面中有所取舍，并加以概括，使原本复杂的场景在画面上整洁有序。特别在植物的塑造上，前面的植物采用多种颜色详细刻画，与后面的概括塑造形成鲜明对比。各种植物的外轮廓也采用多种形式的手法概括，各物体间既有所区别，又协调统一。

图 4.3.32　别墅场景

图 4.3.33　别墅场景色稿 / 薛佳璐（指导教师：李军军）

别墅场景这张作品（如图 4.3.33），可以看出绘画者有很强的归纳能力。临摹作品就是要学会自己归纳，而不仅仅是"照葫芦画瓢"。绘画者将植物简单几笔概括，上色也比较大胆奔放，这对于衬托主体物起到良好的效果。同时绘画者也注意了对细节的刻画，比如，前面的植物颜色更加鲜艳跳跃，而后面的植物颜色处理得更为整体，色彩也没那么张扬，这样很好地拉开了空间距离。

项目四　景观剖面图的表现技法

◎ 教学引导

◆教学重点◆

景观剖面图是景观设计方案竖向设计的展示，通过剖面图的绘制，可以推敲方案的竖向尺度和立体空间构成。本项目教学的重点内容就是把景观剖面图的绘制方法和步骤进行详细的梳理，使学生掌握景观设计方案竖向设计的线条、色彩以及光影的运用。

◆教学安排◆

总学时：6 学时；理论讲授：0.5 学时；学生手绘练习：5 学时；作业点评：0.5 学时。

◆作业任务◆

1. 完成小场景剖面图线稿（A4 纸一张）；
2. 完成剖面图上色完整稿（A4 纸一张）。

◆◆◆ ◆◆◆

4.1　景观剖面的建立

在绘制剖面图中，要注意表达具有代表性的场所，剖面图绘制前一定要对平面方案有深入的思考和研究，在脑海中理清竖向关系。如果对平面构图没有建立良好的立体思维，在剖面图的表达中自然也没有明确的空间关系，也就不能达到剖面图绘制的目的了。

另外值得注意的是，景观设计与建筑设计的手绘立面剖面图有一定的区别，通常情况下，景观设计中立面与剖面是合二为一、同图表达的，其主要作用是对景观设计中竖向空间的图解与展示。示图中的建筑物、构筑物、植物景观等，可直接表现出它们相互间的比例关系。

4.2　景观手绘剖面图的绘制

4.2.1　线稿剖面图绘制

步骤一：根据平面图确定好剖切位置后，按照尺度画出立面剖切线，确定好剖切线经过的地形变化，对于看面的景观要做到心中有数（如图 4.4.1）。

图 4.4.1　剖面图线稿一

步骤二：绘制前景景观，此张剖面图剖切的是入水楼梯部分，前景景观多是植物，所以在绘制前景时一定要注意主要景观树的位置（如图 4.4.2）。

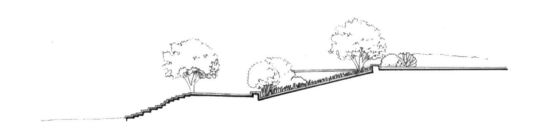

图 4.4.2　剖面图线稿二

步骤三：绘制中景景观，确定好看面的地形起伏（如图 4.4.3）。

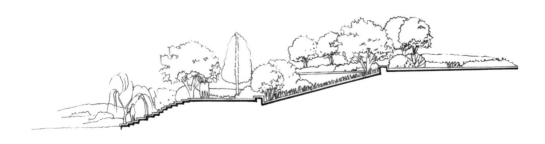

图 4.4.3　剖面图线稿三

步骤四：勾画背景植物轮廓，补充配景，要注意前后植物的遮挡关系以及植物的种植层次（如图 4.4.4）。

图 4.4.4　剖面图线稿四

步骤五：完善画面，协调画面大关系，在最终的线稿中也要完整体现出场景的空间关系和明暗关系（如图 4.4.5）。

图 4.4.5　剖面图线稿五 / 张晓敏

步骤六：最终完成上色（如图 4.4.6）。

图 4.4.6　剖面图上色稿 / 张晓敏

4.2.2　景观剖面图上色

（1）方法与步骤

范例一

步骤一：与彩色平面图相同，在 AutoCAD 打印稿的基础上作线稿的起稿、定稿，注重构筑物、植物等的形态轮廓以及比例关系表现，同时要注意加粗剖面线（如图 4.4.7）。

图 4.4.7　范例一　线稿一

步骤二：丰富画面内容，增加图面构筑物的细节绘制，添加中景、远景的植物，使得线稿剖面图内容更丰富、画面更饱满，补充植物时要注意天际线的动势（如图 4.4.8）。

图 4.4.8　范例一　线稿二 / 傅莹（指导教师：张晓敏）

步骤三：大色调的铺设。确定好立面图中的植物与植物之间、植物与构筑物之间的前后关系。确定前景构筑物的主色调，然后为上层的乔木和地被简单上色（如图 4.4.9）。

图 4.4.9 范例一 上色 步骤一

步骤四：丰富植物的色彩，用马克笔填色时一定要注意物体的前后关系及主次关系，前景的植物重点刻画，背景植物简单处理，增强空间的层次关系（如图 4.4.10 ）。

图 4.4.10 范例一 上色 步骤二

步骤五：用马克笔填色须根据需要对设计要求和内容进行直接、快速的表达。注重设计内容的说明性，不是为画而画，应从属于整体设计构思（如图 4.4.11 ）。

图 4.4.11 范例一 上色 步骤三／傅莹（指导教师：张晓敏）

范例二

步骤一：手绘剖面图起稿与平面图起稿的方式一样，是在打印稿上画出景观立面的设计内容。立面植物的表现手法与透视稿的植物表现手法基本一致，要求画出单株植物的形体特点与明暗关系（如图 4.4.12）。

图 4.4.12 范例二 线稿 / 傅莹（指导教师：张晓敏）

步骤二：由于本图的幅面相对较大，因此要控制好画面的整体色调，先将远景的大面区域快速铺设，确定好图面的色块关系，拉开大的空间层次（如图 4.4.13）。

图 4.4.13 范例二 上色 步骤一

步骤三：在第一遍色稿的基础上进一步深化。用马克笔刻画出主体景观的形态与特征，处理好图面的明暗关系、空间关系、虚实关系（如图 4.4.14）。

（2）教学指导

a. 画面需调整和完善，使重点突出、主题清晰、色彩鲜明，局部与整体更加和谐统一。初学提示：注重每个单体小品的构思和细节表现，注重植物冠幅的形态表现。

b. 手绘剖面图表现的是对景观设计重点部位，尽量剖切的是方案中的设计亮点，或是场地中地形起伏变化的区域，可以在剖面图中表现其高程关系，在剖面图绘制中也可加注少量文字说明。

图 4.4.14 范例二 上色 步骤二 / 傅莹（指导教师：张晓敏）

（3）习作点评：

马克笔手绘立面剖面图作业

图 4.4.15 是学生作品中绘制特征较为突出的一幅，基本准确地表现出了平面的布局关系。画面表达的内容比较明晰，但是对于建筑的画法掌握有所欠缺，局部笔触有些草率、失控。

图 4.4.15 学生作业 / 张振兴（指导教师：张晓敏）

图 4.4.16 这幅学生习作，与上一幅存在相同的问题和不足，如景观构筑物的表现不够细致，画面表现得较为简单。图面不精致，缺乏细节的处理，对于立面植物的描绘也过于简单。

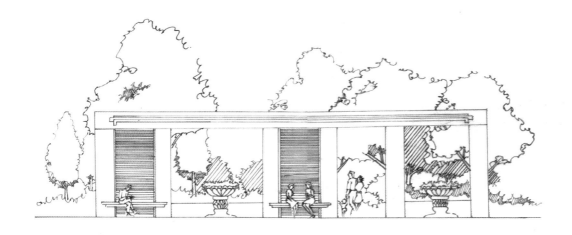

图 4.4.16　学生作业 / 张振兴（指导教师：张晓敏）

这两幅学生习作存在相同的缺点，如线稿的描绘过于简单，画面缺乏细节和层次，对前景的刻画不够深入。马克笔复笔是马克笔最常用的技法，单色复笔可以让色彩更丰富、厚重。然而过多地使用复笔，则显得画面笔触感较差，不够通透。同时，好的线稿是作品成功的保障，学生在学习中一定要提高对线稿的重视。

项目五　景观鸟瞰图

⊙ 教学引导

◆**教学重点**◆

通过本项目的学习，学生可掌握鸟瞰图的透视规律及画法，掌握鸟瞰图的表现技法。鸟瞰图是景观表现的重点，通过本章的内容训练，重点掌握鸟瞰图的处理手法、鸟瞰图的色彩表现以及鸟瞰图透视规律的具体应用。

◆**教学安排**◆

总学时：6 学时；理论讲授：1 学时；范画演示：1 学时；分析讨论：1 学时；学生练习：3 学时。

◆**作业任务**◆

课外时间临摹鸟瞰图优秀作品，A4 纸张 5 张，并分别用水彩、透明水色、马克笔等技法进行训练。

◆◆◆　◆◆◆

5.1　景观鸟瞰图分析

鸟瞰图：

鸟瞰图的视角就像鸟从高处俯瞰，与平面图相比，更有真实感，更能使人有种身临其境的感受。制图人的视线与水平线有一俯角，图上各要素一般都根据透视投影规则来描绘，其特点为"近大远小，近实远虚"。

鸟瞰图是运用立体的手法表达景观、建筑等内容，可根据需要选择适宜的俯视角度和比例绘制。首先需要找准表现对象的角度，把握透视规律。其次，上色时从浅色入手，层层加深。最后进行整体的图面调整，突出重点，虚化背景。

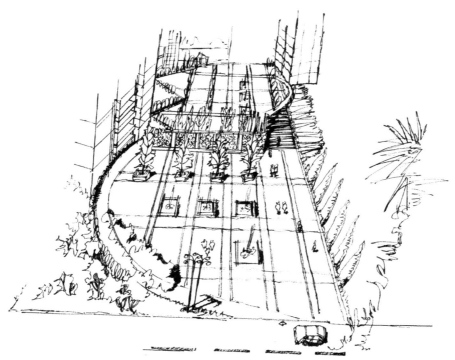

图 4.5.1 居住区景观线稿表现 / 韩达（指导教师：侯双庆）

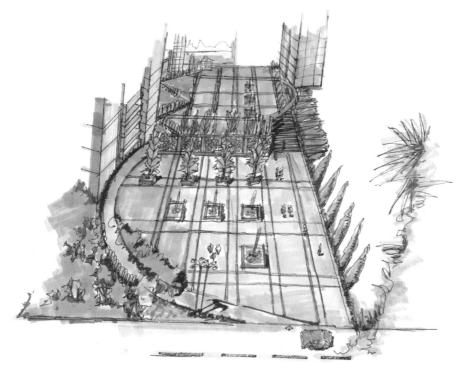

图 4.5.2 居住区景观色稿表现 / 韩达（指导教师：侯双庆）

5.2　景观鸟瞰图手绘表现

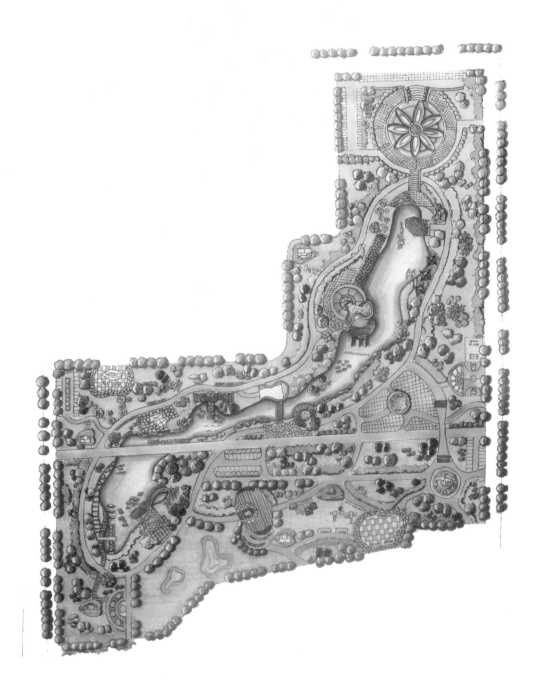

图 4.5.3　鸟瞰图一 / 刘琪（指导教师：侯双庆）

图 4.5.4　鸟瞰图二 / 刘琪（指导教师：侯双庆）

　　不同的工具有不同的表现方法与表现特征，我们仍然以最常用的工具马克笔，配以彩色铅笔为主体工具做范画。

　　步骤一：起稿阶段。用铅笔勾画整体透视和空间物象的轮廓，等勾画完成并检查没有任何透视问题的情况下，就可以用针管笔进行勾勒定位，完成线稿。

　　步骤二：大体明暗关系铺设。用马克笔工具将画面物象的暗面颜色大体铺上，铺色时要注意颜色不能太重、太深。如果选择用其他手绘图工具，也可以先把明暗关系拉开，这样有利于在整个作画过程中把持好素描关系。当然很多手绘表现比较熟练的人可以采取直接画法，不需要刻意将大体明暗关系拉开。

　　步骤三：整体色彩关系铺设定位。将亮面基本颜色定位铺设到位，这个过程中注意光源色和环境色对物体亮面的影响，同时注意预留亮面高光部分。另外，还可以选择以主体中景为主，近景为辅铺色，远景在这个步骤上可以适当铺色，也可以事先预留，等到下一步骤一次性画好。

　　步骤四：细节刻画。以主体为中心，展开刻画。适当加入灰面的色彩表现，将亮面和暗面衔接起来，并对亮面和暗面的颜色进行调整，把不够深的地方适当加深，有环境色的地方加入环境色。如果事先预留没有铺色的远景，此时可以一次性到位，将远景画好，最后用彩色铅笔把整体的色彩关系统一起来。

　　步骤五：调整完成。画面细节刻画完成后，整体观察画面的色彩关系、素描关系、主次关系这三大关系，将不到位的地方做局部调整和修改。

项目六　景观快题设计

◎ 教学引导

◆教学重点◆

景观快题设计，是在较短的时间内根据任务书的要求，完成快速构思、快速设计以及快速表达。它是考核学生专业综合设计素质与能力的一种手段。

本章教学的重点内容就是根据快题设计的特点，学习快题设计需要表达的要素及要点，合理均衡各项设计要素，快速准确、清晰明了地将方案设计思想进行准确表述。

◆教学安排◆

总学时：30 学时；理论教授：2 学时；学生手绘练习：26 学时；作业点评：2 学时。

◆作业任务◆

根据设计命题以及任务书进行快题设计方案，完成 A2 纸快题设计方案一张。

◆◆◆　◆◆◆

6.1　居住区绿地设计

居住区的绿化设计是快题设计中常常遇到的一个命题方向，学生在完成此类命题设计时，要针对设计要求梳理清楚绿地周边道路是人行道、车行道还是人车混行，宅间绿地的一大作用是满足小区居民的交流和休闲娱乐的需求，须注意景观的可通达性和停留性。

● 任务书：宅间绿地设计（如图4.6.1）●

（一）设计要求

1. 满足居民的日常休闲、运动的
功能需求。

2. 考虑居民可通达性，合理设置
绿地出入口。

（二）图纸要求

1. 平面图绘制一张，比例自定。

2. 立面图绘制两张，表现方法不限。

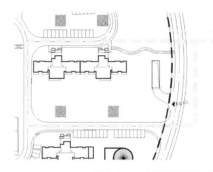

图 4.6.1 宅间绿地任务书图纸

3. 基本分析图若干张（交通流线分析图、功能分析图等）。

4. 自选适当的角度进行透视效果表现。

5. 文字设计说明，不少于 200 字。

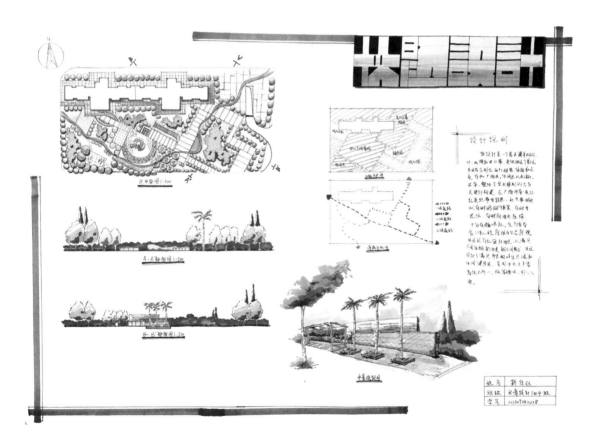

图 4.6.2 学生作业 / 靳佳双（指导教师：张晓敏）

作业评析：

　　该快题设计（如图4.6.2），在方案设计方面选用折线布局的方式，通过这种规整的布局方式形成有序的交通路线，但要注意小广场和地下车库入口的关系，不要让车流影响在绿地休闲娱乐的居民。另外，该方案对于剖面图掌握得较差，对看面的景观心中模糊，导致笔下无物，在绘制剖面图时一定要紧密结合平面方案，对看面进行完整准确的表达。

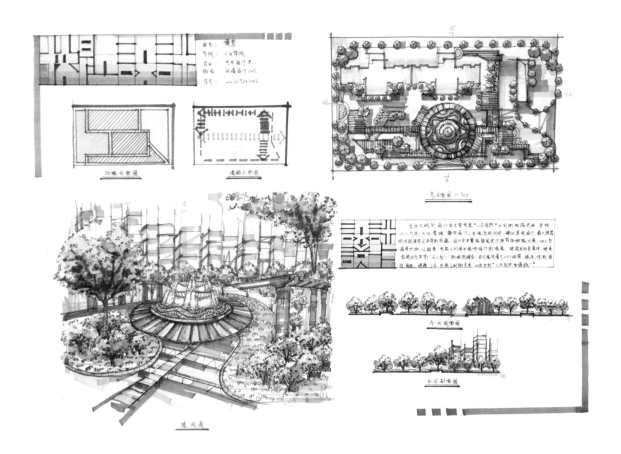

图4.6.3　学生作业／傅莹（指导教师：张晓敏）

作业评析：

　　该快题设计（如图4.6.3）的平面构图采用圆形和方形相结合的方式，构图形式明确且富有变化，图面表达色彩丰富。但要注意方案设计中道路收端的处理方法，交通路线作为设计的重要元素，在图面中不能表达不明、交代不清。平面图上色也相对混乱，不能清晰地表达出绿地的位置。在透视图中，对透视关系的表达不够清楚，用色上笔触相对琐碎。

6.2　工业园区绿地设计

对于工业园区绿地的设计，重点是要清楚使用人群及其特点，理清使用群体对绿地的需求以及有无特殊要求，结合周边建筑及交通，综合考量绿地入口及交通布置。

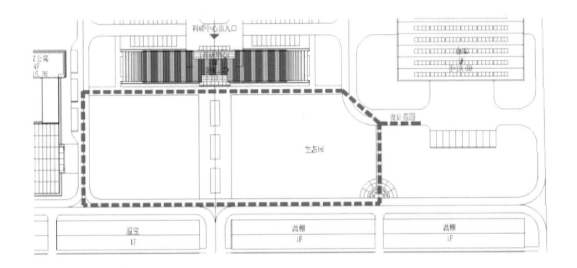

图 4.6.4　科研工业园区中心绿地任务书图纸

━━━━━━● 任务书：科研工业园区中心绿地设计（如图4.6.4）●━━━━━━

（一）基地概况

该基地为工业园环境的一块开放空间，空地北边为科研中心。

（二）设计要求

1. 考虑该基地与办公楼的关系，合理地设置该景观基地的出入口。

2. 考虑工业区的整体氛围，合理地对该基地进行景观规划设计，要求有水景设计。

3. 对景观空间进行合理地划分，满足工作人员休息、交流、观景的需要。

（三）图纸要求

1. 平面图一张，比例自定。

2. 景观立面图一张。

3. 透视图若干张，表达清楚平面功能空间划分。

4. 分析图若干张。

5. 合理的文字说明，不少于 200 字。

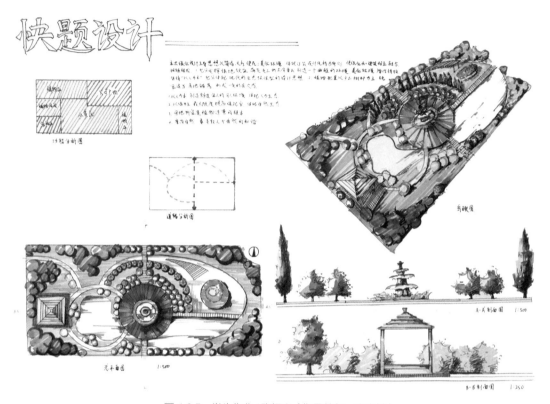

图 4.6.5 学生作业 / 张振兴（指导教师：张晓敏）

作业评析：

该快题平面设计（如图 4.6.5）以弧形为设计主题，结合水体和铺装形成有机统一的构图。沿水体布置环路保障景观观赏；考虑到办公人员的活动需求，也有较大的硬质铺装。在图面表现上色彩明快，但无论是平面图还是立面图，表达都过于简单，缺乏细节的处理。平面图和鸟瞰图中的植物表达过于草率。另外，还应注意空间比例尺度关系，特别是平面中的园路尺寸以及立面图中喷泉小景和周边植物的比例。

6.3　街头绿地景观设计

街头绿地是城市公共开放空间的一个重要组成部分，作为小尺度的户外活动空间，其设计布局灵活多样。我们在进行街头绿地设计的过程中，要认真分析周边交通、功能区域、服务人群及其景观功用等。

● **任务书：街头绿地景观设计** ●

（一）基地概况

该基地为四周道路环绕的一块开放空间，其南北两侧为办公楼，地形基本平整。

（二）设计要求

1. 考虑该基地与周围道路以及办公楼的关系，合理规划该区域的出入口和交通布置。

2. 合理规划空间中的开敞与封闭区域。

3. 该区域要满足人们休息、交流、观景的需要。

（三）图纸要求

1. 平面图一张，比例自定。

2. 景观立面图两张。

3. 透视图一张，表达方式不限。

4. 分析图若干张。

5. 合理的文字说明，不少于 200 字。

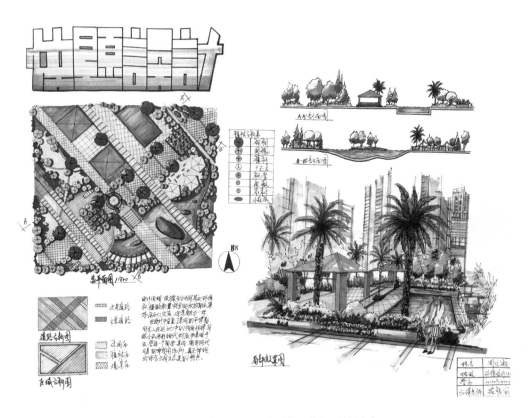

图 4.6.6 学生作业 / 周凡超（指导教师：接桂宝）

作业评析：

该快题平面设计（如图 4.6.6）采用直线构图，整体设计表达相对完整，通过道路来分割空间，串联功能区，布局也较为紧凑。但设计中没有充分考虑周边道路的状况，设计的绿地出入口较多，整个绿地空间过于开放。设计中应注意对绿地的围合，避免周边环境对这片休闲空间的干扰。同时也要注意使用人群出入绿地的交通路线，注意交通安全问题，不能一味追求平面构图形式。

6.4　河道景观设计

河道景观设计要将景观生态学的思想融入景观设计之中，确保人和水的和谐相处，将自然生态作为设计的首要元素，融入相应的人文环境，从而丰富城市景观，为城市居民提供一个亲近自然的场所。

—————————— ● **任务书：河道景观设计** ● ——————————

（一）基地概况

东西向河流，改造河道北岸区域。

（二）设计要求

1. 考虑周边环境，合理设置观景区域。

2. 充分考虑交通的布局以及各功能区域的串联，紧密结合河道水景设计。

3. 改造区域要满足城市居民休闲娱乐和观景的需要。

（三）图纸要求

1. 平面图一张，比例自定。

2. 景观立面图两张。

3. 透视图一张，角度自选，表达方式不限。

4. 分析图若干张。

5. 合理的文字说明，不少于 200 字。

作业评析：

该快题设计布局结构（如图 4.6.7）较为清晰，基本能与现状地形结合。交通干线的西侧采用弧线构图形式，而干道的东侧空间划分和流线组织有待提高。几条道路的布置没头没尾，要注意构筑物在图面的体量关系。对于立面图的绘制并不能表达出设计的亮点或是地形的起伏变化。

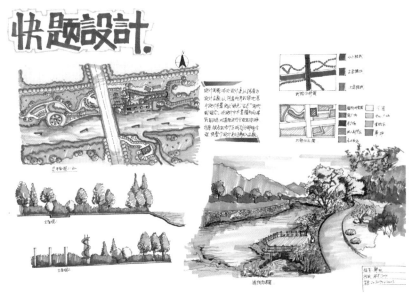

图 4.6.7 学生作业 / 韩达（指导教师：接桂宝）

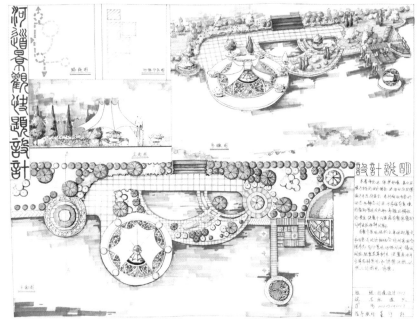

图 4.6.8 学生作业 / 张振兴

作业评析：

该快题设计（如图 4.6.8）截取自局部方案来进行表现，布局形式大方美观。圆形结构的采用，在平面上能够做到相互呼应，色彩饱满明亮，表现效果较好，铺装刻画也较深入。只是对于植物的表达要注意其比例尺度。

参考文献

[1] 杨健 . 室内陈设图手表现法 [M]. 沈阳：辽宁科学技术出版社，2007.

[2] 陈红卫 . 陈红卫手绘表现技法 [M]. 上海：东华大学出版社，2013.

[3] 赵杰 . 室内设计手绘效果图表现 [M]. 武汉：华中科技大学出版社，2012.

[4] 田宝川 . 环境设计手绘表现 [M]. 青岛：中国海洋大学出版社，2014.

[5] 寇贞卫 . 设计与手绘表现丛书：家居空间 [M]. 南昌：江西美术出版社 ,2011.

[6] 庐山艺术特训营教研室主编 . 室内设计手绘表现（内部学习资料）.

[7] 陈红卫 . 手绘课堂 陈红卫手绘表现 II[M]. 郑州：海燕出版社，2011.

[8] 杨建 . 室内空间徒手表现法 [M]. 沈阳：辽宁科学技术出版社，2010.

[9] 赵杰 . 室内设计手绘效果图表现 [M]. 武汉：华中科技大学出版社，2013.

[10] 杨建 . 家居室内设计与快速表现 [M]. 沈阳：辽宁科学技术出版社，2007.

[11] 潘俊杰 . 设计与手绘表现丛书：商业空间 [M]. 南昌：江西美术出版社 ,2011.

[12] 袁贝诺，刘苇 . 展示设计 [M]. 青岛：中国海洋大学出版社，2014.

[13] 曹丽平 . 展示设计 [M]. 上海：上海交通大学出版社，2014.

[14] 夏克梁 . 建筑画马克笔表现 [M]. 天津：天津大学出版社，2005.

[15] 谢尘 . 完全绘本：户外钢笔写生技法详解 [M]. 武汉：湖北美术出版社，2008.

[16] 王有川 . 手绘表现技法—景观篇 [M]. 上海：上海交通大学出版社，2011.

[17] 郑健伟 . 景观设计手绘完全攻略 [M]. 北京：人民邮电出版社，2014.

[18] 金晓东 . 景观手绘表现基础技法 [M]. 沈阳：辽宁科学技术出版社，2011.

[19] 格兰·W. 雷德著，范振湘译 . 景观设计绘图技巧 [M]. 合肥：安徽科学技术出版社，1998 年 .

[20] 苏宇 . 环境手绘效果图表现技法 [M]. 合肥：合肥工业大学出版社，2009.

[21] 张伏虎，李艺，陈波 . 环境效果图快速表现 [M]. 上海：上海交通大学出版社，2006 年 .

[22] 韦爽真 . 景观场地规划设计 [M]. 重庆：西南大学出版社，2013.

[23] 徐振，韩凌云 . 风景园林快题设计与表现 [M]. 沈阳：辽宁科学技术出版社，2009.

[24] 刘谯，韩巍 . 景观快题设计方法与表现 [M]. 北京：机械工业出版社，2009.

[25] 袁贝诺，刘苇 . 展示设计 [M]. 青岛：中国海洋大学出版社，2014.

[26] 曹丽平 . 展示设计 [M]. 上海：上海交通大学出版社，2014.

[27] 田宝川 . 环境设计手绘表现 [M]. 青岛：中国海洋大学出版社，2014.

[28] 赵杰 . 室内设计手绘效果图表现 [M]. 武汉：华中科技大学出版社，2012.

[29] 陈行，邹志荣，段战锋 . 别墅居住区的种植设计 [J]. 上海：上海农业学报，2006，22(1).

优秀网站链接

[1] 绘世界：http://www.huisj.com/foru m -43-1.html.

[2] 我要自学网：http://www.51zxw.net/.

图书在版编目（CIP）数据

环境艺术效果图表现技法 / 王洋编著． －－ 济南 :山东人民出版社，2017.3

ISBN 978-7-209-10300-8

Ⅰ．①环… Ⅱ．①王… Ⅲ．①环境设计－绘画技法－教材 Ⅳ．①TU-856

中国版本图书馆CIP数据核字(2017)第039381号

环境艺术效果图表现技法

王洋　编著

主管部门	山东出版传媒股份有限公司	
出版发行	山东人民出版社	
社　　址	济南市胜利大街39号	
邮　　编	250001	
电　　话	总编室 (0531) 82098914	
	市场部 (0531) 82098027	
网　　址	http://www.sd-book.com.cn	
印　　装	山东临沂新华印刷物流集团	
经　　销	新华书店	
规　　格	16开 (184mm×260mm)	
印　　张	13	
字　　数	200千字	
版　　次	2017年3月第1版	
印　　次	2017年3月第1次	
印　　数	1—1500	
ISBN 978-7-209-10300-8		
定　　价	56.00元	

如有印装质量问题，请与出版社总编室联系调换。